固井实验室管理

郑友志 范 宇 陈力力 靳建洲 等著

石油工业出版社

内 容 提 要

本书从组织管理、装备管理、目视化管理、QHSE 管理等方面系统介绍了固井实验室管理相关的要求与做法，包含管理制度、设备操作规程、维保规程、操作卡、数据记录、人员着装、安全风险控制、标准化操作、实验室应急处理、安防器材及应急知识等内容。

本书可供固井实验室工作人员使用，也可供大专院校相关专业师生参考。

图书在版编目（CIP）数据

固井实验室管理 / 郑友志等著 . —

北京：石油工业出版社，2021.10

ISBN 978-7-5183-4949-4

Ⅰ.①固… Ⅱ.①郑… Ⅲ.①固井－实验室

管理 Ⅳ.① TE256

中国版本图书馆 CIP 数据核字（2021）第 229364 号

出版发行：石油工业出版社

（北京安定门外安华里 2 区 1 号楼 100011）

网 址：www.petropub.com

编辑部：（010）64523687 图书营销中心：（010）64523633

经 销：全国新华书店

印 刷：北京晨旭印刷厂

2021 年 10 月第 1 版 2021 年 10 月第 1 次印刷

787×1092 毫米 开本：1/16 印张：9.75

字数：160 千字

定价：80.00 元

《固井实验室管理》编写组

组　　长： 郑友志

副组长： 范　宇　　陈力力　　靳建洲

成　　员：

魏风奇	姚坤全	马　勇	汪　瑶	张兴国
张华礼	刘　超	王学强	于永金	罗咏枫
曲丛峰	张　华	邓智中	王福云	赵　军
焦利宾	邹建龙	周井红	李文哲	蒲军宏
刘　波	张　军	张超平	濮　强	陈思韵
夏宏伟	严俊涛	徐兴海	高显束	曾建国
陈　敏	林　强	李　明	程小伟	陈志超
杨国良	杨　涛	刘开强	何　雨	张占武
余　江	付　嬙	王　斌	姚　舜	严海兵
张作宏	付洪琼	郭子鸣	陈祖伟	

前言
PREFACE

固井是钻井工程的关键环节之一，是油气井全生命周期内井筒完整性的重要保证，对于延长油气井寿命和发挥油气井产能具有重要作用。质量与性能优良的固井材料与固井工作液（固井水泥浆、前置液、隔离液等）是保证固井施工安全和固井质量的基础。固井实验室是专门开展固井材料质量和固井工作液性能检验与评价、固井实验评价方法研发与应用、固井新材料与新体系研发等相关工作的专业技术部门，为固井作业安全与质量、固井工艺改进和井筒长期密封完整性提供最直接的实验技术支撑，具有专业性强、技术要求高的特点。因此，无论在任何时期、任何工况条件下，都需要非常重视固井实验室的管理，进而提高固井实验室工作质量，确保实验室工作的科学性和准确性。

因此，编者在总结固井技术重点实验室的组织管理、装备管理、目视化管理、QHSE 管理等方面相关经验和做法的基础上特编写本书，希望能为我国的固井实验室建设与发展提供有益借鉴。本书由郑友志担任组长，范宇、陈力力、靳建洲担任副组长。全书共 4 章，第 1 章由郑友志、魏风奇、姚坤全、赵军、焦利宾、濮强、张华（中国石油集团工程技术研究院有限公司）、邓智中、夏宏伟、陈志超、杨国良、刘开强编写，第 2 章由范宇、马勇、汪瑶、刘超、王学强、曲丛峰、张军、张华（中国石油西南油气田分公司开发事业部）、陈敏、陈思韵、程小伟、何雨、张占武编写，第 3 章由陈力力、张华礼、于永金、张兴国、邹建龙、蒲军宏、刘波、罗咏枫、严海兵、张作宏、曾建国、付洪琼、郭子鸣编写，第 4 章由靳建洲、周井红、李文哲、张超平、严俊涛、高显束、徐兴海、杨涛、王福云、李明、余江、林强、付嫱、王斌、姚舜、陈祖伟编写。

本书在编写过程中得到了中国石油西南油气田分公司、中国石油勘探与生产分公司、中国石油集团工程技术研究院有限公司、中国建材材料科学研究总院有限公司、中国石油西南油气田分公司工程技术研究院、中国石油西南油气田分公司开发事业部、中国石油集团川庆钻探工程有限公司、天津中油渤星工程科技有限公司、中国石油集团川庆钻探工程有限公司井下作业公司、西南石油大学、成都理工大学、中油济柴成都压缩机分公司等单位的大力支持和帮助，在此一并致谢。

由于编者水平有限，书中难免有不妥之处，恳请专家、读者批评指正。

编　者

2021 年 8 月

目录
CONTENTS

1 固井实验室组织管理

实验室组织管理是指在实验室管理中建立健全管理机构，合理配备人员，制定各项规章制度等工作。具体地说，就是为了有效地配置实验室内部的有限资源，为了实现一定的共同目标而按照一定的规则和程序构成的一种责权结构安排，其目的在于确保以最高的效率，实现组织目标。

1.1 固井实验室组织结构设置

1.1.1 固井实验室职能

通常来讲，企业固井实验室一般属于业务型、技术支撑型单位，主要职能通常包括三个方面。

1.1.1.1 监督职能

（1）承担所属企业生产或应用的固井原材料质量监督与准入检验，确保原材料品质可靠稳定。

（2）承担所属企业固井入井流体评价优选、现场监督检测，确保固井安全和质量。

（3）负责或参与固井质量事故分析。

（4）负责或参与固井实验检验、工艺技术等方面标准和规定的制定和修订。

1.1.1.2 研发职能

（1）开展固井相关评价方法、固井材料与水泥浆体系的技术改进与新产品研发。

（2）承担或参与各级各类科研项目，着力解决本地区或行业面临的突出技术难题。

1.1.1.3 服务职能

（1）对外提供具有公信力的检测技术服务。

（2）对企业产品的用户提供必要的技术服务。

（3）对原材料、固井水泥浆供应单位在必要时提供技术指导。

要完成赋予固井实验室的职能，需要获得管理、人员、设施、设备、系统及保障服务，而且实验室职能发挥的大小、好坏往往与上述条件有密切关系，具体来说，至少需要以下条件：

（1）有足够的实验场所。

（2）有足够能够胜任相关职能工作的、不同层次的专业技术人员和测试操作人员。

（3）有与检测分析工作相适应的仪器装置、实验器材、分析软件。

（4）实验室须处于有效的科学管理之下，相关工作人员协调地进行工作和运转。

（5）有能够有效促进实验室技术进步的稳定经费、科研项目支持。

1.1.2　固井实验室的组织结构

企业固井实验室作为企业内部的一个独立系统，应在企业总体运行框架下，有其自身的组织结构和法律地位，并对自身的活动承担责任，为此需要建立能够支撑实验室独立、高效、科学运行的组织机构。但一个具体的固井实验室要设置多少工作部门，要根据企业的实际情况，根据工作需要而定，并无规定的模式。一般而言，固井实验室的组织机构可以参照图 1.1 设置。

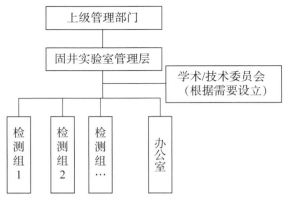

图 1.1　固井实验室的组织结构

（1）上级管理部门：主要包括与实验室运行相关的运行与建设、质量与安全、科研、生产等上级管理部门，负责对实验室相关方面的工作提供归口管理、指导和监督。

（2）实验室管理层：一般指实验室主任，全权负责实验室的包括但不限于人员、装备、组织架构及相关制度的建立等方面的管理、实施、完善，负责组织实验室科研、生产、服务等活动的沟通、开展。

（3）学术/技术委员会：根据实验室的需要设立，一般由行业内杰出的专家学者担任，主要职责为审议实验室运行情况、规划和计划，对重点项目的开题、运行提供指导。

（4）检测组：在实验室负责人的领导下，熟悉岗位职责和实验仪器操作，认真贯彻执行国家和上级部门的有关政策、法律、法规和标准及实验室体系文件，根据任务安排完成实验检验工作，确保实验室质量方针和质量目标的实现。

（5）办公室：在实验室负责人的领导下，负责管理体系的运行维护、文件控制、服务与供应品采购、合同管理、申诉与投诉、体系管理记录及其归档与管理、内部审核，以及管理评审、人力资源控制、印章管理和使用等相关工作。

1.2　固井实验室人员配备与岗位职责

"人"是实现实验室有效运转和职能发挥的核心要素，为保证一个固井实验室的正常运行，通常需要设置以下岗位。

1.2.1　实验室主任

1.2.1.1　岗位职责

（1）贯彻执行党和国家的方针政策及上级主管部门的指示精神，保证政令畅通。

（2）全面负责实验室的行政管理工作，搞好实验室与单位和其他相关部门的工作协调，组织制定实验室规章制度，调动员工积极性，全面完成各项工作任务。

（3）负责实验室的科研项目、实验方案、技术服务、标准制定的管理与协调工作。

（4）严格执行国家和企业的有关技术标准、技术规范，确保科技攻关、实验评价和技术服务的质量。

（5）负责实验室合同管理、生产运行、科技成果转化与应用。

（6）负责员工的培养、教育、考核，组织编写学术论文，搞好学术交流，促进全员业务水平与专业技术素质的提高。

（7）制定实验室建设规划和人才队伍建设规划，通过引进、培养，全面提升科研人员的政治、业务素质。

（8）控制全室成本，厉行节约，降低物耗，提高经济效益。

（9）全面负责实验室设备及 QHSE 工作。

（10）完成领导交办的其他工作。

1.2.1.2 岗位权限

（1）建议权：参与全部管理事项的决策过程，提出相应建议。

（2）考核权：参与全部管理事项的考核过程，按照有关规定或要求，给出考核结果，提出处理建议。

（3）审核权：对全部管理事项发生的真实性、合规性、准确性进行审查、核对和分析，并提出处理意见。

（4）批准权：对全部管理事项作出最终决定并批准。

1.2.1.3 任职条件要求

（1）学历：大学本科及以上学历。

（2）专业技术职务任职资格及专门职业资格：具有中级及以上专业技术职务任职资格。

（3）专业背景：石油工程、化学、材料、管理类专业。

（4）工作经验或工作经历：担任下一级职务或岗位 2 年以上。

（5）知识要求：具有完成本岗位工作需要熟悉的法律知识、计算机基础知识、安全知识、专业知识等。

（6）能力要求：有较强的沟通、协调、组织、分析、判断、表达、文字组织、团队合作、计算机应用、信息管理等能力。

（7）个性化要求：有较强的责任心、主动性、保密意识，以及良好的工作作风、敬业精神等。

（8）其他要求：熟悉本岗位业务涉及的法律、法规，掌握本岗位法律风险防控指引，诚信合规履责，确保本岗位法律风险受控。

1.2.2 实验室党支部书记

1.2.2.1 岗位职责

（1）贯彻执行党和国家的方针政策及上级主管部门的指示精神，保证政令畅通。

（2）全面负责实验室党支部建设工作，传达贯彻执行党的路线、方针、政策和上级的决议、指示，研究安排党支部工作。

（3）了解掌握党员的思想动态和工作学习情况，按时向支部委员会、支部党员大会报告工作，按要求抓好党课教育。

（4）听取本单位工会、团青组织的工作汇报，支持他们的工作，充分调动各方面的积极性。

（5）经常与行政领导保持沟通，协助行政领导做好工作。

（6）经常与党员、入党积极分子和其他职工群众谈心，有针对性地做好思想政治工作，力所能及地帮助他们解决实际困难。

（7）抓好党支部自身建设，按时召开支部委员会和民主生活会，充分发挥支部委员的集体领导作用。

（8）开展好党内"创先争优"活动，认真开展服务型党组织建设，负责抓好责任区内的各项工作；负责班子建设和基层建设工作。

（9）全面负责实验室党风廉政建设工作和信访维稳工作。

（10）全面负责实验室保密和综合治理工作。

（11）完成领导交办的其他工作。

1.2.2.2 岗位权限

（1）建议权：参与相关管理事项的决策过程，提出相应建议。

（2）考核权：参与相关管理事项的考核过程，按照有关规定或要求，给出考核结果，提出处理建议。

（3）审核权：对相关管理事项发生的真实性、合规性、准确性进行审查、核对和分析，并提出处理意见。

（4）批准权：对相关管理事项作出最终决定并批准。

1.2.2.3 任职条件要求

（1）学历：大学本科及以上学历。

（2）专业技术职务任职资格及专门职业资格：具有中级及以上专业技术职务任职资格。

（3）专业背景：石油工程、化学、材料、思政、管理类专业。

（4）工作经验或工作经历：担任下一级职务或岗位2年以上。

（5）知识要求：具有完成本岗位工作需要熟悉的法律知识、计算机基础知识、安全知识、专业知识等。

（6）能力要求：有较强的沟通、协调、组织、分析、判断、表达、文字组织、团队合作、计算机应用、信息管理等能力。

（7）个性化要求：有较强的责任心、主动性、保密意识，以及良好的工作作风、敬业精神等。

（8）其他要求：熟悉本岗位业务涉及的法律、法规，掌握本岗位法律风险防控指引，诚信合规履责，确保本岗位法律风险受控。

1.2.3　技术负责人

1.2.3.1　岗位职责

（1）认真贯彻执行党和国家的方针政策及上级主管部门的指示精神，保证政令畅通。

（2）在实验室主任的领导下，对实验室的技术管理工作全面负责。

（3）贯彻执行国家技术政策、法令、规范、技术标准、规程及各级管理标准条例。

（4）负责实验室标准方法的更新、验证并付之于实践，负责非标准方法修订的有关管理工作。

（5）对本实验室出现的不合格项进行调查分析，提出纠正措施并组织实施，对可能存在质量问题的检测结果进行复查或要求有关人员重新检测；对可能造成不良后果的行为，有权要求暂停检测工作。

（6）承担和参与科研项目，指导实验室人员开展科研活动。

（7）负责组织质量控制活动的实施，审批检测工艺、作业指导书、实验方案等技术文件。

（8）负责实验室人员的技术培训及考核，决策检测工作中的重大技术问题。

（9）完成领导交办的其他事项。

1.2.3.2 岗位权限

（1）建议权：参与相关管理事项的决策过程，提出相应建议。

（2）考核权：参与相关管理事项的考核过程，按照有关规定或要求，给出考核结果，提出处理建议。

（3）审核权：对相关管理事项发生的真实性、合规性、准确性进行审查、核对和分析，并提出处理意见。

1.2.3.3 任职条件要求

（1）学历：大学本科及以上学历。

（2）专业技术职务任职资格及专门职业资格：具有中级及以上专业技术职务任职资格。

（3）专业背景：石油工程、采油、采气、机械、电子类专业。

（4）工作经验或工作经历：硕士研究生及以上学历人员应当具有累计2年以上工作经历，本科及以下学历人员应当具有累计5年以上工作经历。

（5）知识要求：具有完成本岗位工作需要熟悉的法律知识、计算机基础知识、安全知识、专业知识等。

（6）能力要求：有较强的沟通、协调、组织、分析、判断、表达、文字组织、团队合作、计算机应用、信息管理等能力。

（7）个性化要求：有较强的责任心、主动性、保密意识，以及良好的工作作风、敬业精神等。

（8）其他要求：熟悉本岗位业务涉及的法律、法规，掌握本岗位法律风险防控指引，诚信合规履责，确保本岗位法律风险受控。

1.2.4 质量负责人

1.2.4.1 岗位职责

（1）认真贯彻执行党和国家的方针政策及上级主管部门的指示精神，保证政令畅通。

（2）在实验室主任的领导下，对实验室的质量工作全面负责。

（3）组织实施实验室的质量体系，参与对实验室重大问题的决策，组织制定本实验室质量工作计划。

（4）组织内部质量审核，检查《固井实验室质量手册》执行情况，并采取相应的纠正和预防措施，向技术负责人报告质量体系的运行情况，参加管理评审。

（5）负责本实验室质量保证机构和质量监督的工作，主持质量分析会议，处理用户意见和质量投诉。

（6）每年初编制一份年度内部质量审核计划，报实验室主任批准。

（7）定期组织实验室人员学习质量体系问题并贯彻到工作中。

（8）负责组织实验室内外的比对实验。

（9）审批质量控制计划和组织对质量控制结果进行评审。

（10）完成领导交办的其他事项。

1.2.4.2　岗位权限

（1）建议权：参与相关管理事项的决策过程，提出相应建议。

（2）考核权：参与相关管理事项的考核过程，按照有关规定或要求，给出考核结果，提出处理建议。

（3）审核权：对相关管理事项发生的真实性、合规性、准确性进行审查、核对和分析，并提出处理意见。

1.2.4.3　任职条件要求

（1）学历：中专及以上学历。

（2）专业技术职务任职资格及专门职业资格：具有中级及以上专业技术职务任职资格。

（3）专业背景：石油工程、采油、采气、机械、电子类专业。

（4）工作经验或工作经历：硕士研究生及以上学历人员应当具有累计 2 年以上工作经历，本科及以下学历人员应当具有累计 5 年以上工作经历。

（5）知识要求：具有完成本岗位工作需要熟悉的法律知识、计算机基础知识、安全知识、专业知识等。

（6）能力要求：有较强的沟通、协调、组织、分析、判断、表达、文字组织、团队合作、计算机应用、信息管理等能力。

（7）个性化要求：有较强的责任心、主动性、保密意识，以及良好的工作作风、敬业精神等。

（8）其他要求：熟悉本岗位业务涉及的法律、法规，掌握本岗位法律风险防控指引，诚信合规履责，确保本岗位法律风险受控。

1.2.5 办公室主任

1.2.5.1 岗位职责

（1）认真贯彻执行党和国家的方针政策和上级主管部门的批示与决定，保证政令畅通。

（2）协助室领导做好实验室的管理办法、规划、总结起草工作。

（3）协助室主任做好实验室的规划和年度计划。

（4）协助室主任做好内控、QHSE、合同、成本、设备资产、培训等日常事务性工作的管理。

（5）协助室领导做好党建、工会等群团工作。

（6）负责对全室成员的日常管理和考核。

（7）负责本岗位业务范围内的 HSE 管理工作。

（8）积极参与两化融合、全员绩效考核。

1.2.5.2 岗位权限

（1）建议权：参与相关管理事项的决策过程，提出相应建议。

（2）考核权：参与相关管理事项的考核过程，按照有关规定或要求，给出考核结果，提出处理建议。

1.2.5.3 任职条件要求

（1）学历：大学专科及以上学历。

（2）专业技术职务任职资格及专门职业资格：具有中级及以上专业技术职务任职资格。

（3）专业背景：石油工程、财会、思政、管理类专业。

（4）工作经验或工作经：硕士研究生及以上学历人员应当具有累计 1 年以上工作经历，本科及以下学历人员应当具有累计 3 年以上工作经历。

（5）知识要求：具有完成本岗位工作需要熟悉的法律知识、计算机基础知识、安全知识、专业知识等。

（6）能力要求：有较强的沟通、协调、组织、分析、判断、表达、文字组织、团队合作、计算机应用、信息管理等能力。

（7）个性化要求：有较强的责任心、主动性、保密意识，以及良好的工作作风、敬业精神等。

（8）其他要求：熟悉本岗位业务涉及的法律、法规，掌握本岗位法律风险防控指引，诚信合规履责，确保本岗位法律风险受控。

1.2.6　设备管理员

1.2.6.1　岗位职责

（1）贯彻执行国家和上级有关科研项目管理、设备管理方面的法律、法规、规章制度及管理要求。

（2）配合实验室领导，做好实验室各项仪器设备的管理工作，制定本单位的设备管理制度，建立仪器设备、标准物质的台账、基础及技术资料。负责实验室的资产、设备、材料、配件、计量器具等综合事务管理。

（3）负责建立及维护资产综合报表、设备运转综合报表并持续更新。负责ERP 系统设备运行的填报、资产核查、计量器具送检计划的填报等。

（4）负责实验室仪器设备配件的检查、报废、送检及新仪器验收等。负责验收采购的设备配件，建立配件库及配件清单，建立并及时更新配件出入库记录。组织完成实验室设备维护及操作技能的相关培训，督促操作人员完成设备的操作规程编制。

（5）负责按照审批的实验室材料计划完成采购、记录及发放。

（6）负责标准物质管理，建立计量器具清单，并按照计量认证要求送检。

（7）发生设备事故和发现事故苗头及时向上级部门报告，不做假、不隐瞒，做好设备事故原因调查，提出预防和整改措施。

（8）积极参与两化融合、全员绩效考核。

（9）完成上级交办的其他工作。

1.2.6.2　岗位权限

（1）建议权：参与相关管理事项的决策过程，提出相应建议。

（2）考核权：参与相关管理事项的考核过程，按照有关规定或要求，给出考核结果，提出处理建议。

1.2.6.3 任职条件要求

（1）学历：中专及以上学历。

（2）专业技术职务任职资格及专门职业资格：具有中级及以上专业技术职务任职资格。

（3）专业背景：石油工程、采油、采气、机械、电子类专业。

（4）工作经验或工作经历：相关岗位工作 2 年以上。

（5）知识要求：具有完成本岗位工作需要熟悉的法律知识、计算机基础知识、安全知识、专业知识等。

（6）能力要求：有较强的沟通、协调、组织、分析、判断、表达、文字组织、团队合作、计算机应用、信息管理等能力。

（7）个性化要求：有较强的责任心、主动性、保密意识，以及良好的工作作风、敬业精神等。

（8）其他要求：熟悉本岗位业务涉及的法律、法规，掌握本岗位法律风险防控指引，诚信合规履责，确保本岗位法律风险受控。

1.2.7 资料/样品管理员

1.2.7.1 岗位职责

（1）负责实验室科研成果资料、实验检测报告的归档工作。

（2）负责实验室科研报告、实验检测报告等资料寄送、借阅登记工作。

（3）负责实验室与资质认证管理部门进行沟通交流工作。

（4）协助完成实验室合同管理工作。

（5）负责实验室样品的收样、登记编号、存放保管、样品发放工作。

（6）负责本业务范围内的 QHSE 管理工作。

（7）积极参与两化融合、全员绩效考核。

（8）完成上级交办的其他工作。

1.2.7.2 岗位权限

（1）建议权：参与相关管理事项的决策过程，提出相应建议。

（2）考核权：参与相关管理事项的考核过程，按照有关规定或要求，给出考核结果，提出处理建议。

1.2.7.3　任职条件要求

（1）学历：中专及以上学历。

（2）专业技术职务任职资格及专门职业资格：具有中级及以上专业技术职务任职资格。

（3）专业背景：石油工程、采油、采气、机械、电子类专业。

（4）工作经验或工作经历：相关岗位工作 2 年以上。

（5）知识要求：具有完成本岗位工作需要熟悉的法律知识、计算机基础知识、安全知识、专业知识等。

（6）能力要求：有较强的沟通、协调、组织、分析、判断、表达、文字组织、团队合作、计算机应用、信息管理等能力。

（7）个性化要求：有较强的责任心、主动性、保密意识，以及良好的工作作风、敬业精神等。

（8）其他要求：熟悉本岗位业务涉及的法律、法规，掌握本岗位法律风险防控指引，诚信合规履责，确保本岗位法律风险受控。

1.2.8　安全管理员

1.2.8.1　岗位职责

（1）负责质量、安全、环保（含内控、QHSE 体系、标准）等管理工作，宣贯执行国家 QHSE 法律、法规和上级规章制度、方针政策。协助实验室负责人开展 QHSE 相关活动、QHSE 信息系统等工作，并建立健全各项 QHSE 档案资料。

（2）负责实验室的安全生产应急工作与管理，熟练掌握应急处置方案，配合开展相应应急演练。

（3）负责实验室危害因素和环境影响因素辨识，掌握实验室要害生产部位的安全状况，对识别出的重大危险源和环境影响因素所制定措施和管理方案的实施效果进行跟踪验证。

（4）协助实验室负责人进行 QHSE 工作安排，开展 QHSE 检查，及时上报安全环保隐患，建立隐患台账，组织制定整改措施，督促整改，并组织实验室 QHSE 技术信息交流和新技术推广。

（5）负责对实验室废弃物、劳动防护用品、消防器材和危险作业进行监督管理和统计工作。

（6）负责本岗位业务范围内的其他 QHSE 工作。

（7）积极参与两化融合、全员绩效考核。

（8）完成上级交办的其他工作。

1.2.8.2　岗位权限

（1）建议权：参与相关管理事项的决策过程，提出相应建议。

（2）考核权：参与相关管理事项的考核过程，按照有关规定或要求，给出考核结果，提出处理建议。

1.2.8.3　任职条件要求

（1）学历：中专及以上学历。

（2）专业技术职务任职资格及专门职业资格：具有中级及以上专业技术职务任职资格。

（3）专业背景：石油工程、采油、采气、机械、电子类专业。

（4）工作经验或工作经历：相关岗位工作 2 年以上。

（5）知识要求：具有完成本岗位工作需要熟悉的法律知识、计算机基础知识、安全知识、专业知识等。

（6）能力要求：有较强的沟通、协调、组织、分析、判断、表达、文字组织、团队合作、计算机应用、信息管理等能力。

（7）个性化要求：有较强的责任心、主动性、保密意识，以及良好的工作作风、敬业精神等。

（8）其他要求：熟悉本岗位业务涉及的法律、法规，掌握本岗位法律风险防控指引，诚信合规履责，确保本岗位法律风险受控。

1.2.9　检测组组长

1.2.9.1　岗位职责

（1）严格执行国家和企业相关技术标准、技术规范，确保科研项目研究的质量和实验方法的科学有效性。

（2）承担或参加各级各类科研生产（实验）项目研究工作。

（3）解决科研生产（实验）中的一般性技术难题。

（4）参加固井技术方向特色技术、重点技术的研发和实验评价工作。

（5）熟练掌握实验操作流程，通晓实验操作设备的原理、性能、故障分析与维护保养知识。

（6）严格按照规范编写实验报告及各种材料，确保资料齐全、不泄密。

（7）负责本岗位业务范围内的 HSE 管理工作。

（8）积极参与两化融合、全员绩效考核。

（9）完成上级交办的其他工作。

1.2.9.2　岗位权限

（1）建议权：参与相关管理事项的决策过程，提出相应建议。

（2）考核权：参与相关管理事项的考核过程，按照有关规定或要求，给出考核结果，提出处理建议。

1.2.9.3　任职条件要求

（1）学历：中专及以上学历。

（2）专业技术职务任职资格及专门职业资格：具有中级及以上专业技术职务任职资格。

（3）专业背景：石油工程、采油、采气、机械、电子类专业。

（4）工作经验或工作经历：相关岗位工作 2 年以上。

（5）知识要求：具有完成本岗位工作需要熟悉的法律知识、计算机基础知识、安全知识、专业知识等。

（6）能力要求：有较强的沟通、协调、组织、分析、判断、表达、文字组织、团队合作、计算机应用、信息管理等能力。

（7）个性化要求：有较强的责任心、主动性、保密意识，以及良好的工作作风、敬业精神等。

（8）其他要求：熟悉本岗位业务涉及的法律、法规，掌握本岗位法律风险防控指引，诚信合规履责，确保本岗位法律风险受控。

1.2.10　检测员

1.2.10.1　岗位职责

（1）熟悉计量认证体系文件与实验室规范的实验流程，熟悉操作设备的原理、性能、安全操作规程，做好设备故障的简单分析与维护保养、清洁工作。

（2）在实验室统一安排下进行各类委托实验工作。

（3）实验过程中，严格执行国家、行业标准及计量认证体系文件，规范实验操作，确保实验方法的科学有效性。

（4）严格按照计量认证体系要求，做好实验全过程的各种记录、资料的归档工作，确保资料齐全、不泄密。

（5）负责本岗位业务范围内的 HSE 管理工作。

（6）积极参与两化融合、全员绩效考核。

（7）完成上级交办的其他工作。

1.2.10.2 岗位权限

建议权：参与相关管理事项的决策过程，提出相应建议。

1.2.10.3 任职条件要求

（1）学历：中专或高中以上学历。

（2）专业背景：石油工程、采油、采气、机械、电子类专业。

（3）工作经验或工作经历：相关岗位工作 1 年以上。

（4）知识要求：具有完成本岗位工作需要熟悉的法律知识、计算机基础知识、安全知识、专业知识等。

（5）能力要求：有较强的沟通、协调、表达、团队合作、计算机应用、信息管理等能力。

（6）个性化要求：有较强的责任心、主动性、保密意识，以及良好的工作作风、敬业精神等。

（7）其他要求：熟悉本岗位业务涉及的法律、法规，掌握本岗位法律风险防控指引，诚信合规履责，确保本岗位法律风险受控。

1.3 固井实验室管理相关制度

管理制度是对实验室实施管理行为的依据，是实验室各项工作顺利进行的保证。合理的管理制度可以简化管理过程，提高管理效率。本书提供了关于固井实验室管理相关的科研管理、实验管理、设备管理等 10 个方面的可供参考的管理制度。

1.3.1 固井实验室科研项目管理

科研管理制度制定的原则是确保实验室各级科研项目的顺利完成，提高科研项目质量，充分调动科研人员的积极性和创造性，促进科技人才的培养。

1.3.1.1 相关人员职责

项目长：项目长全面负责项目的开题、推进和验收。负责项目研究各个环节的任务分配、经费安排、组织协调等。同时，负责本项目的项目奖励等的分配。

项目主研：按照项目长安排完成研究任务，以及相应的报告编写。并协助项目长开展项目内的其他工作。

项目辅研：协助项目长开展项目内的其他工作。

分管科研室领导：负责各级科研项目的申报、立项、阶段检查、验收及报奖等全过程的协调、监督等日常管理工作。同时，负责全室科研项目费用预算安排，以及科研项目奖金分配的初审和调节。

各组组长和技术专家：协助科研分管领导做好科研项目管理工作。

1.3.1.2 项目申报

每年按照上级统一要求，所有员工均可提出项目建议，经实验室讨论通过后即可申报。

鼓励员工积极提出项目建议，员工提出的项目建议一旦被采纳并成功申报，可给予一定的奖励。

1.3.1.3 项目人员

原则上项目长由实验室进行公示，员工自愿报名产生。对于同一项目有多名员工报名的情况，由室领导、组长、技术专家及技术干部代表共同投票产生。

对于某些不适合进行竞聘的项目，或者没有人主动报名承担的项目，也可以由室领导讨论后指定项目长。

项目长根据项目研究内容，提出主研及辅研人员名单，经室领导讨论通过后上报。室领导也可根据室内人员工作量情况进行人员安排和调配。

1.3.1.4 项目开展

项目长根据开题设计内容，在项目开始前提前编写项目报告提纲，报告提纲至少细化到第二级，建议细化到第三级。项目报告须经项目组内讨论后，上报主管科研室领导审批。

根据提纲，项目长将研究内容分解到各项目主研。项目主研负责完成相应部分研究内容，并完成该部分报告编写。项目长出差或休假期间必须安排好相关科研工作，不得以任何借口拖延项目工作。项目开展过程中必须进行有效的进度检查，项目组重点汇报项目进度、阶段成果、存在问题、下步计划四个部分。

必须在项目完成日期之前，提前两个月开始编写项目报告。项目主研编写各自负责部分项目报告，由项目长负责成果报告汇总。项目成果报告、验收评价报告、应用证明等资料，在项目完成日期之前，至少提前半个月上交主管室领导审查。根据审查意见修改后上报上级科研管理部门，同时做好项目验收多媒体汇报准备工作。

已验收项目，项目长安排项目组人员，按照单位相关要求做好项目成果的上报、登记及存档工作。

1.3.1.5　考核与奖惩

项目实行项目长负责制，项目长具有项目任务分配、经费安排、组织协调等权力，同时有负责项目奖励等分配的权力。项目长须做好项目人员工作量及工作内容统计工作，做好项目成员的考评，将项目组成员的工作贡献、工作量大小等作为项目相关费用的分配依据。分配方案经主管室领导审核后方能实施发放。

对于验收获得优秀、良好的项目，可分别给予项目长、项目主研、项目辅研一定奖励，对于验收不合格或出现重大问题的项目，可分别给予项目长、项目主研、项目辅研一定处罚，并可在一定时间内取消该项目长承担同级别和更高级别项目的资格。

实验室要定期召开科研总结会，主管科研室领导对全年科研工作情况、员工承担和完成科研项目情况作总结，对优秀科研工作者进行表彰。

1.3.2　固井实验室实验工作管理办法

1.3.2.1　实验总体工作流程

实验室开展实验评价工作，依照此步骤进行：（1）实验室领导接收实验任务；（2）接样、取样；（3）确定实验负责人；（4）制定实验方案；（5）下发实验通知单；（6）领取样品、液体；（7）完成实验；（8）报告审核；（9）资料存档。

1.3.2.2 实验任务接受

所有实验任务均由实验组长或主管室领导接收。实验室员工收到实验任务时，必须向组长或主管室领导上报，禁止员工自行接收及开展实验任务。

组长或主管室领导接收到任务后，根据任务来源，决定是否承担该实验任务。

1.3.2.3 实验样品接收、取样

实验样品由接样室统一接收、登记（格式见附录1至附录3）、标注（格式见附录4）、存放。

取样由组长安排人员到现场进行取样，取样完成后交接样室统一接收。

1.3.2.4 实验负责人确定

（1）科研项目实验。

科研项目实验由该项目的项目长担任第一负责人，第一或第二主研担任第二负责人。第二负责人协助项目长组织实验工作。

项目长组织项目组人员、组长共同制定和讨论实验方案、安排实验进度。第一、第二负责人应当全程跟踪实验工作，当项目长因故临时不能了解实验工作时，第二负责人必须主动督促及协调实验的正常推进。

组长具有协助科研项目实验正常开展的义务，必须主动配合项目实验的正常推进。

（2）委托类实验。

若为较少套次单项内容（指单一类别实验或不超过5套次）的零星实验，则由组长指定设备管理（属地管理）人完成。

若为综合性实验（实验内容涉及实验类别较多），则将所有实验打包成为一个或几个实验项目。实验项目长采用自愿申请原则；若无人申请，则由组长、室领导商议后指定实验项目长。

实验项目长负责组织和参加项目实验。负责所有实验结果的汇总，并出具实验报告。

1.3.2.5 实验方案制定

零星实验主要内容包括：实验任务来源、实验目的、实验内容、实验条件、实验方法、液体计划、时间进度安排、涉及仪器的风险分析及削减措施、应急措施等。

综合性实验含科研项目实验，都采用统一的模板制定实验方案。

1.3.2.6　实验通知单下发

组长必须建立实验动态大表，大表中须直观反映出各设备组目前正开展的实验、待开展的实验、实验执行人、实验开始日期、预计完成周期等，并每周发送大表至分管实验的室领导。

所有正式实验必须在下达实验通知单（附录 5）后才能实施。若遇到紧急实验任务来不及下达实验通知单的，必须经组长同意后，并由组长通知开展实验，但实验通知单必须在三个工作日内补上。

实验项目的实验通知单由质量负责人签发。

1.3.2.7　样品／药品领取

实验人员凭实验通知单到样品／药品管理员处领取样品／药品，并填写领用记录（附录 6、附录 7），对样品／药品要妥善保管，防止丢失。实验任务完成后，未使用完的样品／药品必须归还到样品管理员处，不允许私自存放。

实验任务完成后，可将废液暂时存放在统一配发的临时废液桶（≤ 5L）中，也可直接倒入室管理的大废液桶。临时废液桶中液体只能倒入室管理的大废液桶中，严禁私自排放，否则对造成的 HSE 后果负全责。

各组在往室管理的大废液桶中倒入废液之前，应联系实验室安全员到场进行监督并确定是否倒入，然后双方在废液处置记录上签字确认，由实验室安全员统一处理，并建立废液处理台账（附录 8）。

1.3.2.8　实验开展

项目长（科研项目的第一、第二负责人）应当全程跟踪实验工作，当项目长因故临时不能了解实验工作时，必须委托第二负责人督促及协调实验的正常推进。

实验人员必须按照实验方案或实验要求，保质、保量、按时完成实验任务。对于不予配合的人员，经组长、室领导调查后确定为无正当理由的，将予以一定经济处罚，并扣减相应业绩考核分数。

各项目长应及时掌握本项目各个检测项目的实验数据，并对数据的合理性进行分析，若有认为不合理的实验结果，应及时反馈给实验人员。

各项目长对各组检测实验数据的正确性负责。对于不合理的实验结果，必须重复实验进行核实，直至得到合理结果，或者找到出现问题的原因。

实验人员在实验过程中应该完整填写数据原始记录、设备运转原始记录

（附录 9、附录 10）相关资料。

完成实验后，应及时出具实验报告（附录 11、附录 12）。

1.3.2.9　报告审核

检测项目由组长负责对实验结果的初审，由质量负责人、技术负责人最终审批。如发现有不符合项，实验人员必须加以整改，如无正当理由拒绝整改者，给予一定经济处罚，并扣减相应业绩考核分。质量负责人和技术负责人签字审批后，由主管室领导批准后加盖印章。

凡是私自复制及外传实验资料、实验报告、设备档案等资料的，一经发现，立即暂停本岗位工作，并给予一定经济处罚。

1.3.2.10　资料归档

实验完成后 1 个月内由项目长统一收集实验资料，并在各组资料岗处归档，超过归档时间的可给予一定经济处罚。

资料岗人员须根据《实验资料归档清单》（包括实验方案、所有失败和成功的实验套次统计清单、实验任务通知单、项目报告、每套实验原始数据、实验照片等纸质和电子文档等）要求，对实验资料的归档材料是否齐全进行审核，对材料不全者不予归档。

归档须签署资料交接记录，交接记录须包含资料明细，并由资料员逐一核实。

检测组长定期（至少半年一次）根据实验通知单情况和实验资料归档清单对归档情况进行检查，根据检查出来的问题追查责任人，并给予一定经济处罚。

资料岗须建立实验内容清单，清单按照实验项目（如水泥浆稠化、钻井液常规性能、钻井液专项性能等）分类，每一条记录须详细记载实验时间、样品来源、委托单位、实验套次等，便于日后查询。清单最好以 Excel 格式保存，内容须随时更新。

1.3.3　固井实验室设备管理办法

1.3.3.1　日常运作

实验组人员共同负责本组内设备的管理，每台设备应有专人负责。设备管理（属地管理）人负责其管理设备的正常运行，包括设备的工作状态检查、日常保养、通电运行、清洁卫生、配件申报和领用等。

设备管理（属地管理）人必须定期对其管理的设备进行检查，并且每次填写检查记录（《实验仪器设备履历本》和《设备运转原始记录本》）。

设备由设备管理（属地管理）人或具有上岗操作证人员进行操作。非本组人员操作的，必须经室领导同意，由组长安排设备管理人完成设备技术交底后方能操作设备，设备属地管理人（或委托人）在实验过程中应全程监护。在设备使用完毕后，使用人负责完成设备的清洁、还原，方能将设备交还设备管理人。设备管理（属地管理）人对使用人交还的设备状态进行确认，并在交接记录中如实记录。

组长负责对组内设备使用情况进行监督，凡发现不正确使用的情况必须加以制止和纠正，整改后方能继续操作设备。如使用者不予配合，则必须立即上报室主任。

设备管理（属地管理）人必须按照规定填写设备运转记录、实验原始记录等相关记录，同时将设备运转记录、设备实验工作量等数据进行统计，并按时、按要求上报。如非本实验组人员操作的实验，由使用人填写实验原始记录。

1.3.3.2　设备保养

实验设备实行日常保养和定期保养制，严格按各个仪器设备使用说明书规定的周期及检查保养项目进行。

（1）日常保养。

在设备运行的前后及过程中进行的清洁和检查。要求仪表及计算机工作正常、设备外观清洁、场所整洁、记录（运转、保养、故障、维修）及时完整、定期通电除湿等。

例行保养由设备管理（属地管理）人自行完成，填写《保养记录》，同时须根据实验安排和设备状况，及时提出易损件、耗材购买计划，协助相关人员完成设备计量器具的相关检定工作，保持设备和计量器具状态标识的持续更新。

（2）定期保养。

班组长组织设备管理人编制设备年度保养计划，包括设备的除锈、润滑、校验、试压等内容。保养计划经室、单位两级审核批准后，委托相关单位按计划实施，设备管理（属地管理）人填写《实验仪器设备履历本》。

1.3.3.3 故障管理

设备管理（属地管理）人负责所管理设备的相关维修记录（包括《实验仪器设备履历本》和《设备运转原始记录本》等）填写。

设备发生易损件及耗材原因的故障后，必须及时组织更换。不允许出现因为无储备配件，导致设备因为等待易损件或耗材而停机。

凡是经过开具了《设备维修申请单》（附录 13）进行维修的设备，无论设备是否恢复正常，都必须如实填写相关维修记录。

需要对设备进行技改的，必须先上报技改方案，经室主任审查后，方能实施。对于有可能影响设备原有功能或者计量精度的技改方案，还必须上报单位批准后方能实施。严禁不经过组长或室主任同意，擅自拆卸或改装设备。

1.3.3.4 卫生管理

设备管理（属地管理）人应始终保持各自卫生责任区的清洁卫生，把所有仪器设备、桌、台、架、柜上的灰尘擦干净。每周五下午必须对所管辖的清洁区域进行一次全面的大扫除工作，包括实验室内外的门窗。

设备管理（属地管理）人下班前把实验室清洁工作搞好后，还应进行安全检查，关好所有水源、电源、门窗，确保实验室安全。

实验室卫生检查以定期检查和不定期抽查相结合的方式进行，如发现有物品摆放不整齐或清洁不良的地方，应追究相关人员责任。

1.3.3.5 奖惩办法

实验室设备管理办法涉及内容均与个人业绩考核、月奖考核挂钩，并实行单项奖惩。未按照操作规程操作而导致设备造成重大损失的，可给予一定处罚。未办理交接手续，而把设备交由本组之外人员操作，对设备管理人或代管人，可给予一定处罚。如未征得设备管理（属地管理）人员或室领导同意而擅自使用设备、拆卸或改装设备，对擅自使用、拆卸或改装者，可给予一定处罚。

对实验设备提出技改建议并被采纳的，如因为技改使设备形成了新的实验能力、或性能参数有大幅提升的，对建议提出人，可给予一定奖励。

1.3.4 固井实验室危化品管理办法

目的是加强对危化品的管理，防止危化品在存储、流转、使用、处置过程中发生事故，保障员工生命财产安全，最大限度降低经济损失。

（1）危化品购置与验收。

危化品的购置由各组组长提出，内容要详尽、全面（包括危化品的品名、型号规格、数量等）。经实验室质量或技术负责人审核批准后，方可购置。

危化品到货后，实验室危化品管理员（安全员）与各组人员共同进行验收，严格检验物品质量、数量、包装情况、有无泄漏，验收后危化品管理员及时做好标记并入库登记，各组组长对化学品是否符合检测要求进行确认签字。

（2）危化品贮存。

危化品验收完后，要分类存放，且应符合各类别的安全规范，在存放地点做好明显标志。

实验室危化品存放点由室危化品管理员（安全员）上锁管理。定期对危化品进行检查，发现其品质变化、包装破损、渗漏等，应及时处理。

（3）危化品流转。

危化品管理员（室安全员）要认真做好危化品的收、发登记工作。

因检验工作需要，经实验室质量（或技术）负责人批准后，各检验岗人员与危化品管理员办理危化品交接签署工作。

（4）危化品处置。

超过有效期或品质已变化的危化品，危化品管理员（室安全员）定期统计上报质量（或技术）负责人审批后，和上级安全管理部门联系对其进行处理。

检验后的危化品废液，由各检验组同实验室安全员联系，对其进行处理。

1.3.5　固井实验室设备维修工作管理办法

1.3.5.1　设备故障及维修计划申报

设备管理（属地管理）人或检测人员发现设备异常和出现故障时，不得自行拆装设备，必须立即向组长汇报。

由组长组织设备检查，仍在保修期内的设备不能自行拆装；已经出保的设备，可以但必须在组长带领下拆装，进行自行修复。如果确定不能恢复正常的，由设备管理（属地管理）人提出维修申请，填写《设备维修申请单》（附录13）。

《设备维修申请单》由室主任审批签字后，交办公室办理，办公室凭《设备维修申请单》组织维修工作。

1.3.5.2 设备维修

（1）在保修期内的设备。尚在保修期内的设备，由办公室联系供货商，通知其在限定日期内到场维修。

（2）已经出保的设备。已经出保的设备，由办公室联系设备厂家或有修理能力的维修公司，通知其到场维修。维修金额超过一定金额的设备维修项目，必须签订维修合同。

1.3.5.3 设备维修验收及资料存档

厂家维修过程中设备管理（属地管理）人必须全程参与，如因特殊原因不能参与，必须报请组长安排其他人员全程参与。如未进行人员交接，将对责任人进行追责。

设备管理（属地管理）人必须如实填写相关维修记录（包括《设备运转原始记录》和《设备履历本》），并对故障部位维修前、后状态拍照保存，设备配件需要更换时，必须把更换下来的配件回收，并交至库房处置。

设备维修结束，调试运行良好后，设备管理（属地管理）人报请组长核查。核查通过后，设备维修申请人、维修人员、组长在《设备维修验收单》（附录14）上签字验收，《设备维修验收单》上交办公室。

《设备维修申请单》和《设备维修验收单》复印件由设备管理（属地管理）人存档，扫描件存办公室。

1.3.6 固井实验室监视测量设备检定工作管理办法

办公室负责实验室《监视测量设备台账》（附录15）的更新、汇总和上报；负责编制《监视测量设备检定计划》（附录16），并按照计划进行委外校准/检定。负责对计量器具的检定资料、证书，进行统一分类、保存。保存期间要保证资料的完整性。

各组设备管理（属地管理）人管理计量器具，并上报监视测量设备年度校准/检定计划［比规定的日期至少提前15日将《计量器具送检单》（附录17）报送至办公室］，办公室负责送至有资质的机构进行校准/检定。

对于无法拆卸移动的计量器具，由办公室负责联系有资质的检定单位来实验室现场校准/检定。设备管理（属地管理）人协助校准/检定工作，若出现检定不合格的计量器具，必须第一时间报告组长。

计量器具对于能溯源到国际和国家标准的测量标准，按照规定的时间间隔或在使用前进行校准/检定和（或）验证。当不存在上述标准时，由办公室协助设备管理（属地管理）人制定相应的自校准则，并依据其规定的校准周期和要求进行校准，并保存相应的检验记录。

在仪器设备维修中，有涉及更换或拆卸计量器具的情况，设备管理（属地管理）人须填写"计量器具送检单"送至办公室。

每个计量器具必须有相应的状态标识，设备管理（属地管理）人负责保持计量器具标识的完好性，发生标识损坏、丢失、磨损等无法辨识时，立即更换新的标识。

在校准周期内的校准/检定证书复印件，须摆放在所属设备间。

1.3.7 固井实验室物资采购管理办法

1.3.7.1 设备、材料计划上报与采购

以组为单位把设备、材料采购、加工月度计划表（见附录18，凡是对厂家、质量、型号规格等有特殊要求的材料或配件，必须详细说明）提交至办公室。办公室汇总后上报室主任审核签字，然后再组织实施。

1.3.7.2 设备、材料验收、入库和领用

实物验收：办公室负责组织设备、材料、药品验收，到货验收须严格按照合同（技术规格书/月度计划）检查交付类别、数量、型号等，在验收证明中须逐项注明合同约定与实际交付货品的对照清点结果。

质量验收：对于须安装调试设备或现场试验工具等的验收，须严格按照技术标书、技术规格书或书面技术要求，逐项进行对照验证，并在质量验收报告中注明对照验证结果。对存在质量问题或技术指标未达到要求的，不得签署质量验收报告（《材料物资质量验收报告单》格式见附录19）。未提交质量验收报告的，不得继续履行合同。

对厂家、质量、型号规格等有特殊要求的材料或配件，提出材料申请的员工必须参加货物验收并签字确认。提出申请员工不参加验收的，若实际产品与计划要求存在出入，由提出申请员工承担责任。若必要时，可以要求其部分或全部赔偿损失。

购买的材料通过验收后，由库房（材料/药品/耗材/设备配件）属地管理人登记入库和领用管理，定期做好库存清点。

1.3.8 固井实验室劳动防护用品管理办法

1.3.8.1 实验防护用品购买及发放

实验室防护用品统一进行采购。由组长、安全监督员定期检查实验室防护用品状况，对于已经破损的和过期的，提出用料计划，员工也可根据本人劳保用品使用情况提出更换申请。

1.3.8.2 防护用品穿戴

员工开展实验工作时必须穿戴防护用品。根据岗位配置、实验内容，具体规定如下：

（1）通用要求。

所有员工进入实验室开展实验工作，必须穿白大褂、戴普通护目镜（本身佩戴近视眼镜者可不要求），进入实验操作室必须统一穿着劳保工鞋。

（2）个别要求。

①女员工开展实验工作时，必须将头发盘起或扎起后，戴上防护帽才能进入实验室。

②凡是接触危险化学品时，任何操作（配液、移转、罐装与清洗等），员工必须佩戴专用护目镜（防溅、防撞击）、防化手套、佩戴半面罩。

③高温仪器操作，应佩戴耐高温手套。

1.3.8.3 处罚

实验室随时对实验操作人员进行抽查，凡是抽查到没有按要求佩戴劳动防护用品的，可给予一定处罚，屡教不改的，需要停岗学习相关规章制度并考试合格后再重新上岗。

1.3.9 固井实验室劳动纪律管理办法

1.3.9.1 请假制度

应根据相关管理制度和实验室具体情况，制定相关作息、请/销假制度。

1.3.9.2 会议制度

所有员工接到会议通知后，都必须按时参加会议。如确实因为特殊原因不能参加的，必须向会议负责人请假。每次正式会议均应该实行会议签到，签到记录作为实施奖惩的依据之一。员工参加会议，必须将手机置于关闭或者静音状态。

1.3.9.3 电话管理

所有员工对工作中重要事项须及时做好电话记录，并按要求办理。室领导及组长必须保持 24h 开机，非特殊情况不允许关机。其余员工在工作时间内必须保持开机状态，非特殊情况不允许关机。其余时间原则上推荐保持开机状态。所有员工对于上级来电必须及时接听，禁止故意不接听。如因特殊情况没有接听，必须在 6h 内予以回复。

1.3.9.4 集体活动

每名员工都应有强烈的集体观念及团队意识，应积极主动参加和协助开展集体活动。若员工因故不能参加集体活动的，组一级活动必须向组长请假，室一级活动必须向室领导请假。

1.3.10 固井实验室培训工作管理办法

室内任何员工凡是接收到培训通知，必须首先向实验室领导汇报，否则，自行确定的培训行为室里不予承认，也不予报销相关费用。

组长与相关人员讨论决定参加培训人员后，将培训通知和参加人名单交办公室综合事务管理岗人员登记，并由综合事务岗人员通知参加培训人员。

室组织的需要向人事科申请的培训，由培训主办人员负责填写培训申请资料，经室领导审批同意后，上报人事科。

需要准备会场、安排食宿等培训，由办公室负责安排会场、食宿及培训教师。

凡是参加外部培训的人员，培训结束后须到办公室综合事务管理岗提交培训的相关资料（纸质或电子文档），并在两周内对培训内容进行交流。

2 固井实验室装备管理

实验装备是一个固井实验室履行职能的基础，实验室装备管理的基本任务是根据企业检验的需要，组织配备必要的固井实验设备和辅助实验设施，实现实验室质量检验和其他基本职能，同时充分调动不同类型、不同种类装备的协同和互补作用，以尽可能小的投入发挥最大的效能。

2.1 固井实验室装备配置要求

根据固井实验室的职能、规模等情况，实验室装备可按照基本装备、现场测试装备和选配装备三类进行配置（表 2.1）。

表 2.1　实验检测、分析仪器一览表

序号	设备名称	用　途	备注
1	恒速搅拌器	配制固井工作液	基本装备
2	六速旋转黏度计	测定固井工作液流变性	
3	高温高压失水仪	测定固井水泥浆在高温高压条件下的失水量	
4	增压稠化仪	测定固井水泥浆在高温高压条件下的稠化性能	
5	高温高压养护釜	在高温高压养护条件下固井水泥浆	
6	常压稠化仪	常压条件下水泥浆稠化时间的测定	
7	养护箱	养护水泥石	
8	压力实验机	测定水泥石强度性能	
9	静胶凝强度 / 抗压强度双功能测试仪	实时检测静胶凝强度和抗压强度变化	
10	便携式稠化仪	固井现场测定固井水泥浆在高温高压条件下的稠化性能	现场测试装备
11	便携式高温高压养护釜	固井现场高温高压条件下养护水泥浆	
12	便携式压力实验机	固井现场测定水泥石抗压强度	

续表

序号	设备名称	用　　途	备注
13	固井收缩膨胀仪	测量水泥试样的收缩膨胀量	
14	水泥水化热测定仪	测试水泥水化过程中的放热量	
15	高温高压钻井液、水泥浆流变仪	模拟井底高温高压条件，测量流体流变性，包括流体塑性黏度、动切力、静切力、表观黏度、流性指数、稠度系数、触变性参数	选配装备
16	水泥浆气窜分析仪	模拟井下高温条件，按比例缩小法，模拟水泥浆在环空中自然失重的整个过程，也可以测试注入水泥浆之后水泥浆控制地层气体侵入的能力	

基本装备：根据国家标准，开展固井工作液相关测试的基础装备，属于必须配置的装备。

现场测试装备：开展固井工作液性能现场检测所需的装备，可根据业务需要配置。

选配装备：开展固井工作液特殊性能、非标性能等测试分析的装备，可根据工作需要配置。

2.2　装备操作规程与风险控制

2.2.1　固井实验装备操作规程

2.2.1.1　恒速搅拌器操作规程

（1）首先要用手检查浆叶是否转动灵活，如有滞死现象，应先修理浆叶组件。

（2）把浆杯稳定地安装在电动机上，浆叶轴要对准电动机的驱动头，浆杯底座卡在电动机定位挡内。

（3）把水倒入浆杯内，接通电动机开关，按一下启动按钮，电动机开始转动（4000r/min），快速倒入水泥，盖上塑料盖，时间继电器到达15s时，按下高速按钮，开始高速搅拌（12000r/min），直到时间到50s，继电器动作，电动机停止。

（4）关闭电动机开关，按下变速按钮，取下浆杯，完成搅拌工作。

2.2.1.2　六速旋转黏度计操作规程

（1）取出仪器，检查各转动部件、电器及电源插头是否安全可靠。

（2）向左旋转外转筒，取下外转筒，将内筒逆时针方向旋转并向上推与内筒轴锥端配合，向右旋转外转筒，装上外转筒。

（3）接通电源，将配制好的流体倒入样品杯内至刻度线处，立即置于托盘上，上升托盘使内杯液面达到外转筒刻度线处，按动三位开关，调至高速或低速挡。

（4）仪器转动时，轻轻拉动变速拉杆的红色手柄，根据标示变换所需要的转速，记录刻度盘的读数。

2.2.1.3　高温高压失水仪操作规程

（1）将浆筒、滤网、下釜盖总成组装好。

（2）打开电源开关，等待几分钟直到温度控制器初始化，根据实验要求在温控仪上设置实验温度和升温时间。

（3）将预制好的水泥浆倒入浆筒中至规定刻度线。

（4）旋紧上釜盖总成，并将浆筒整体插入加热套内并锁死，将氮气瓶接头与进气阀杆连接，传动软轴与搅拌浆叶轴连接，热电偶插入浆筒壁上的圆孔中。

（5）缓慢打开氮气瓶总阀，然后旋转减压阀，调至出口气压至2MPa，将高压氮气引入浆筒内。

（6）运行温控仪程序和搅拌电动机，直至将水泥浆升温至实验所需温度。

（7）关闭电动机，拔出加热套固定栓，旋转180°倒置浆筒后再插入加热套固定栓。

（8）调节氮气减压阀提高浆筒内压力至6.9MPa，打开下釜盖上的出液开关，滤液在压差作用下流出，用量筒接滤液并开始计时。

（9）实验30min后记录滤失量，关掉加热器与氮气瓶总阀，打开冷却水开关，待温度降至100℃以下后，打开泄压阀释放浆筒内压力。

（10）拆洗失水仪浆筒，彻底清洗全部压力容器装置，并检查所有部件没有损伤。

（11）组装清洗后的、准备好的测试容器。清洗阀杆和凹处。更换阀杆"O"形圈，并轻轻涂上润滑脂。

2.2.1.4 双釜增压稠化仪操作规程

（1）实验前，稠化仪各开关应处于关闭状态。预置好控制器的温度和压力控制程序。

（2）稠化仪浆杯内部涂少许凡士林油。按照《油井水泥》（GB 10238—2015）或 API Spec 10 要求配制准备好水泥浆，迅速倒入稠化仪浆杯，组合好浆杯。

（3）用吊钩勾住浆杯上的两个小孔，把浆杯放入釜内，转动一下浆杯，确定浆杯底部两个销钉插入釜内浆杯台的两个孔中后，打开电动机开关。用吊钩挂住电位计横梁上的两个小孔，将电位计装入釜内，使浆杯轴插到电位计横梁的轴承孔内，电位计坐于驱动盘上，电位计的接触片与电极接触良好后打开直流电源开关，电压表应有初始稠度值指示。

（4）旋上釜盖（在向下拉釜盖的过程中，应尽量避免釜盖与釜体的碰撞，以免破坏密封性），用橡皮锤顺时针用力敲击釜柄 2~3 次。

（5）将内热电偶从釜盖插入釜内，拧入锁紧螺母（注意不要拧紧）。打开气源开关，当油从内热电偶锁紧螺母处溢出时，这时应迅速拧紧锁紧螺母。打开泵开关，增压泵开始工作，釜内压力增加，按规范要求，压力值达到所要求的初始压力后，将泵开关关闭（拨至中间）。

（6）将内外偶转换开关拨至内偶（向上），运行控制器升温程序。紧接着依次打开加热器，将泵开关调到自动挡（向下），打开直流电源、计时器（每次使用前记得复位归零）、时间温度报警开关，按下两个报警指示灯按钮。

（7）当稠度达到报警点时，控制系统发出报警指令。这时依次关闭计时器、直流电源、泵开关、加热器、电动机、时间温度报警开关、气源开关阀，打开空气排放开关阀、高压释放开关阀（注意此开关阀应当缓慢打开）、空气至釜开关阀，当压缩空气将釜内油排净时，排气管末端会发出排气声。这时关闭空气至釜开关阀。（此项操作切勿打乱顺序。）

（8）旋松内热电偶锁紧螺母（注意用纱布捂在螺母外，以防釜内余压喷出油雾溅到工作人员身上）。釜内无气压时，将螺母旋出，拔出内热电偶，旋下釜盖，勾出电位计和浆杯，将浆杯内的水泥倒掉，清洗浆杯、浆叶、隔膜片及小"O"形圈，重新涂油脂备用。

（9）实验结束，关闭增压稠化仪总电源。

（10）在实验温度高于 100℃时，实验后应及时用冷却水使釜体降温，待浆杯热电偶温度低于 90℃后，缓慢放掉剩余的压力，回油，以保证安全。

2.2.1.5　双釜增压稠化仪操作规程

（1）养护釜在实验前，各开关均应处于关闭状态。

（2）打开电源开关，选择强度实验升温方案。

（3）打开进水阀，使釜内水面淹盖到外电偶处，再关闭进水阀。

（4）如果压力釜内水温不在（27±3）℃范围内，应将电偶转换开关拨到外电偶，手动进行预加热或水冷。

（5）成型的试模应立即放入水温为（27±3）℃的压力釜内，然后旋上釜盖，再用扭力扳手拧紧螺钉，分三次拧紧：第一次拧到 14N·m；第二次拧到 20N·m；第三次拧到 25N·m。

（6）插入内电偶，并将电偶转换开关拨到"内电偶"（开关向上）再次打开进水阀，直到水从内电偶螺钉处溢出，然后拧紧内电偶螺钉。

（7）打开气源阀和泵开关，根据实验要求加压，使压力表值达到所要求的压力。

（8）按下自 3504 表上的"AUTO/MAN（自动/手动）"转换键取消手动，再按下运行暂停键，取消保持键。

（9）在养护龄期到达前的 45min 时，打开高压释放阀，使压力慢慢释放。

（10）依次打开空气至釜阀、排水阀，使釜体中的水排掉。

（11）关闭空气源阀、空气至釜阀、排水阀，取出内电偶。

（12）卸开釜盖取出试模，脱型，试体应置于温度为（27±3）℃的恒温水槽内约 35min，然后取出试体并擦干，就可立即进行抗压强度实验。

2.2.1.6　常压稠化仪操作规程

（1）检查仪器所有开关在关闭状态；检查水箱内水位；检查电位计保险销。

（2）打开电源开关，编制升温程序，将温控仪温度调节到实验温度（温控仪调节后附说明书）。

（3）打开马达开关，打开加热器开关、启动温控器，将温度升到实验温度（若水箱内水温低于 27℃，可采用手动升温将初始温度升至 27℃）。

（4）将配制好的水泥浆倒入稠化仪浆杯，不能超过浆杯的内刻度线。

（5）将搅拌叶轴插入电位计底部轴孔内（保证轴端定位槽插入电位计轴内保险销），连同电位计装入浆杯，将电位计的定位销卡入浆杯的定位槽；然后把住电位计，浆杯应能自如地转动。

（6）将安装合适的浆杯放入稠化仪内，并将电位计的接地端卡入定位板中，然后转动浆杯使定位销卡入驱动套的定位槽，开启马达开关，开启报警器，记录时间（对于受热冲击影响的水泥浆，应在加热前将水泥浆倒入浆杯，一起升温）；升到实验温度时，开启报警器，记录时间。

（7）当搅拌时间到20min±30s时，关闭温控仪和加热器开关，关闭马达开关、报警器开关，最后关闭电源开关，取出浆杯。

（8）高温转移水泥浆时，戴口罩，防异味对身体造成伤害。

（9）卸下电位计、取出搅拌叶，用刮刀用力搅拌水泥浆5s，确保重新分散可能沉淀在浆杯底部的全部固相。

（10）高温加热后，取浆杯、卸电位计、取搅拌叶、清洗浆杯时，应戴隔热手套，以防烫伤。

（11）将水泥浆倒入下一程序的容器，清洗浆杯、搅拌叶，保证干净。

2.2.1.7　双温强度养护箱操作规程

（1）根据水泥养护条件规定要求，做好准备工作，使用前应按水泥养护条例，在水箱中加入适当水。开机前，电源开关和加热开关应在关的位置（向下）。

（2）调节完目标温度之后，接通加热开关。

（3）实验结束后，关闭加热开关和电源开关。

2.2.1.8　匀加荷压力实验机操作规程

（1）开机，进入"方案选择"屏。

（2）按"参数"键，设定各参数。

（3）选择"油2"键，进入"油2"实验操作屏。

（4）按"下屏"键，进入压头位置调整操作屏，用"上升""下降""停止"键，将下平台调整到合适高度，放好试样，按"上屏"键，返回实验操作屏。

（5）试样对正后，按"自动"键，指示灯指示，开始加载，至试样破碎，指示灯灭，下平台自动下降。加荷过程中间如果要中断实验，按"复位"键。

（6）重复步骤（5），进行下一次实验，按"自动"键，压力值和强度值置零，并开始记录本次实验数据。

（7）实验结束后，按"下屏"键，进入压头位置调整操作屏，按"返回"

键，返回并关机。

2.2.1.9 5265 型静胶凝强度仪操作规程

（1）仪器准备。

① 检查面板，确保仪器面板的全部开关处于关闭状态。接通仪器的外部电源。

② 将 MAIN POWER/INSTRUMENT POWER（主电源 / 仪器电源）开关打到 ON（开）位置。将升温程序输入温控器。

（2）试样和实验装置准备。

① 检查密封部件的密封性，确保它们干净和状态良好。与水泥浆的接触面都要均匀涂抹薄薄一层高温润滑油。

② 将传感器安装到金属顶盖和底盖上，再在底盖和顶盖的断面上涂抹很薄一层高温超声波耦合剂。

③ 按照 API Spec 10 标准配浆，所需浆体量大约为 200mL。继续倒浆至内筒环形圈大概 6mm 时，采用液位尺将浆体倒至 WET（湿）线和 DRY（干）线之间。向金属釜筒内加水至液位尺上的 WATER（水面）刻度线，再将顶盖旋到金属釜筒上。

④ 将备好的测试装置装入仪器加热套筒内。将金属釜体擦拭干净并置于箱体内，小心将底部的传感信号线穿过加热套底部并牵引出仪器前板。

⑤ 将"U"形接管的长端连接到金属釜体顶端接口，先用手旋紧丝扣，再用 5/8 型扳手拧紧。

⑥ 将顶部传感信号线连接到箱体后面的 BNC 插头上（插头标有 Top 标识）。

⑦ 打开 PUMP WATER（供水）开关直至水从热电偶下出水孔流出，再用 5/8 型扳手拧紧热电偶接头。

（3）开始实验。

① 确保装置正确安装，堵塞仪器后面的高压管线口，PUMP（泵）开关处于 OFF（关闭）位置，PUMP WATER（泵水）开关处于 ON（开启）位置，同时给仪器提供气源。

② 顺时针旋转 PUMP PRESSURE ADJUST（泵压调节）阀，直至压力能够升到预期压力设定点，每 5psi（34.5kPa）的气压能提供大概 1000psi（6895kPa）的水压。气压不能超过 100psi（690kPa）。

③ 顺时针旋转 RELIEF VALVE（安全）球形钮，释放压力直至在预期压力设定点时能够阻止安全阀打开。

④ 将 PUMP（泵）开关打到 ON（开启）位置，直至压力超过预期压力设定点，再将 PUMP（泵）开关打到 OFF（关闭）位置，在运行前确保系统处于待压状态。

⑤ 逆时针缓慢旋转 RELIEF VALVE 球形钮直至测试装置压力开始下降，继续缓慢旋转，直至测试装置里的压力等于预期测试压力的上限。

⑥ 逆时针旋转 PUMP PRESSURE ADJUST（泵压调节）阀直至气压为 0。

⑦ 将 PUMP 开关打到 ON（开启）位置。

⑧ 顺时针缓慢旋转 PUMP PRESSURE ADJUST（泵压调节）阀，直至泵开始启动。继续顺时针缓慢调节，直至达到预期控制压力的下限。

⑨ 如果使用冷却装置，将 COOLANT（冷却）开关置于 AUTO（自动）位置，当冷却结束后，建议将 COOLANT（冷却）开关置于 OFF（关闭）位置，以避免室温以上温度波动。

⑩ 结束实验时，将 HEATER（加热）开关打到 OFF（关闭）位置。

⑪ 通过长按 RUN/HOLD（运行/暂停）按钮直至运行 RUN（运行）指示灯熄灭来关闭温控器，再按温控器上的 MANUAL（手动）按钮使输出功率为 0。

（4）结束实验。

① 打开 COOLANT（冷却）开关冷却实验装置，采用温控器监视温度，用泵来保持压力直至冷却结束。当温度低于 200°F（93℃）时，浆泵置于 OFF（关闭）位置，PRESSURE RELEASE（压力释放）阀打开。当温度在 212°F（100℃）以上时，没有保持压力，水会变成蒸汽。

② 将 PUMP WATER（泵水）开关打到 OFF（关闭）位置。

③ 将 MAIN POWER/INSTRUMENT POWER（主电源/仪器电源）开关打到 OFF（关闭）位置。

④ 关闭 PRESSURE RELEASE（压力释放）阀（顺时针），当未关闭时，拆除"U"形接管和热电偶时水会漏出。

⑤ 拆掉箱体上与高压过滤器相连的"U"形连接管。断开顶部传感信号线、底部传感信号线，拆开热电偶及信号线。

⑥ 将高压釜体从箱体中提出，取出底部传感信号线。

⑦ 清洗装置。

2.2.1.10　便携式增压稠化仪操作规程

（1）打开主电源，将两个高压阀门及电器开关置于 OFF（关闭）位置，转换阀置于"空气排放"位置，组装好实验浆杯。

（2）调节温控仪程序 3504，若釜内温度低于 27℃，可采用手动升温方式将初始温度升至 27℃。

（3）按 API 规范制备水泥浆，装入实验浆杯，置于釜内，开动电动机，盖好釜盖（不准用橡皮锤敲击，旋至将接触釜面即可），将热电偶插入釜内。

（4）将转换阀门旋扭至"空气源"位置，待稠化仪油排出釜体后，迅速拧紧压紧螺母，运行温控仪程序，打开加热开关。

（5）实验结束，关加热器，停止运行温控仪程序。

（6）釜体温度冷却低于 100℃时，将转换阀门旋扭至"空气排空"位置，缓慢高压释放，打开空气至釜阀。

（7）釜内稠化仪油排出后，关闭空气至釜阀，拆开釜盖，取出浆杯并清洗仪器，做好下次实验准备工作。

2.2.1.11　便携式高温高压养护釜操作规程

（1）养护釜在实验前，各开关均应处于关闭状态。

（2）打开电源开关。

（3）选择强度实验升温方案，并检查所选择的方案是否符合实验要求。

（4）拧松釜盖螺母顶丝，打开釜盖，放入铜试模。

（5）根据上述要求旋紧釜盖，拧紧螺母顶丝。

（6）插入热电偶，拧紧电偶压帽，并逆时针旋松。

（7）打开进水电磁阀，直到水从内电偶压帽处溢出，然后拧紧内电偶压帽。

（8）打开泵电磁阀，调整供气气压及释放压力调节阀，使压力保持在设计压力值。

（9）设定 2408 温控表的程序段。

（10）运行温控表，打开加热器开关。

（11）打开计时器并清零，实验开始。

（12）当试块的养护龄期达到实验要求时，实验结束。

（13）停止 2408 温控表，关闭加热器。

（14）如实验温度超过 80℃，需打开冷却电磁阀，温度降到 80℃以下，再进行下一个步骤。

（15）关闭进水电磁阀，打开高压释放阀，释放釜内的压力。

（16）打开空气至釜阀门，将釜内的水排出。

（17）水排空后，拧开电偶压帽，拔出热电偶。

（18）用扭力扳手卸开釜盖取出试模，脱型，试体应置于温度为 26.7℃ ±2.8℃的恒温水槽内约 35min，然后取出试体并擦干。

2.2.1.12　便携式压力实验机操作规程

（1）顺时针旋转释放阀旋钮，直至用手拧紧（在 12t 和 25t 型号上）。30t 型号配备杠杆而不是旋钮。在压力机关闭之前，凸轮释放杆应处于垂直位置。

（2）通过泵出液压单元的手柄关闭压力机。请记住，没有额外的泵送，没有液压装置可以保持恒定的压力。当压靠柔软或易弯曲的材料时尤其如此。需要一些泵送以抵消正常的填料泄漏。在获得所需的压力之后，偶尔的一两次冲程通常会保持压力。

（3）打开压力机（在 12t 和 25t 型号上），逆时针旋转释放阀旋钮大约半圈。释放阀止动器应允许少于一整圈的旋转。要打开 30t 的型号，请将凸轮释放杆拉向操作员的水平位置。

2.2.1.13　水泥收缩膨胀仪操作规程

（1）开始压力 / 温度控制程序。

① 打开仪器的水源，设置 AUTO/OFF/MAN 到 AUTO。

② 确定低限的 LED 红灯是亮的，打开压力输出阀，关闭压力释放阀。

③ 将压力控制器上的 AUTO/MAN 设定在 AUTO 位置，并运行压力控制器。

④ 将温度控制仪表设定在 AUTO 位置，并运行温度控制器。

⑤ 打开加热器，将压力控制模式开关选择在 AUTO 位置。

（2）结束实验。

① 停止采集软件、温度及压力控制器，关闭加热器。

② 如果样品温度高于 212°F（100℃），必须保证釜内的压力大于 1000psi，以防水沸腾。

③打开冷却水，将压力调节旋钮逆时针拧回零位。

④将压力控制器的输出功率通过向下键缓慢调节到 0。

⑤当活塞指示灯指示的红色 LOWER 灯亮时，将压力控制模式开关打到 OFF 位置，关闭水源，打开高压释放阀。

⑥一旦釜体冷却下来，断开 LVDT 信号线，拧开热电偶并取走，将釜体从加热器中取出。

⑦将釜体放入台钳，拆下上盖和底盖。

⑧将水泥试样从釜体取出，利用一根铝棒（或类似物品）用锤子从釜体上部向下敲击，将水泥试样敲出。

⑨清洁所有部件，为下次实验做准备。

2.2.1.14　水泥水化热测定仪操作规程

（1）实验前确保环境温度：20~30℃，相对湿度小于 65%。

（2）水泥样品准备：实验水泥样品应充分混合均匀，用水应使用洁净的自来水或蒸馏水。

（3）测试前至少提前 8h 开启水化热测定仪，并在控制软件上设定好实验测试温度，使测量筒周围恒定在实验温度。

（4）在控制软件上选择测试通道，并连接同一通道上的两个测量筒（参比筒和实验筒）。

（5）输入水化热测定时间。

（6）将装有新配制水泥浆的样品瓶用专用挂钩放入实验筒内，然后开始实验。

（7）到一定龄期后，关闭测试程序，导出水化放热曲线和水化热数据。

（8）取出测量筒内样品后，关闭电脑。

2.2.1.15　高温高压钻井液、水泥浆流变仪操作规程

（1）把上部釜体放在支架上。

（2）放入磁驱下部金属环，请注意方向（弧面的一端向下）。

（3）放入磁驱，请注意方向（有凸出轴的一端朝下）。

（4）用专用工具固定磁驱（把工具插入磁驱顶部的两个孔中）。

（5）安装驱动轴套（在上部固定磁驱的同时，下部顺时针安装驱动轴套），高温实验时请在驱动轴套的螺纹部分涂抹高温润滑脂。由于成套部件设计精密，请保证安装到位。

（6）安装挠流器固定环，请注意方向。放入上釜体后直接推入底部。

（7）安装挠流器（高温实验时，请在螺纹上涂抹高温润滑脂），请注意安装方向，此部件为逆时针方向旋转，请保证安装到位，否则会导致挠流器与其他运动部件间的相对摩擦。安装时请稍微压紧顶部的挠流器固定环，防止安装时随动造成安装不到位。

（8）安装扭矩弹簧总成，固定三颗螺钉。

（9）安装定筒轴，安装之前请检查轴底部的剪切钉是否完好，可在钉帽上涂抹少量润滑脂，防止针掉落。

（10）安装定筒，一只手固定顶部的弹簧总成，另一只手顺时针把定筒拧紧。

（11）安装转筒，首先涂抹少量高温润滑脂，然后顺时针拧到位。

（12）安装驱动套，把驱动套安装到位，由于内部磁体磁力较大，放入驱动套时，请注意防止压到手。

（13）安装顶针和轴承，把顶针和轴承用尖嘴钳安装到下部釜体的座子上（顶针针尖朝上），请确保安装到位。

（14）安装上、下密封圈，密封圈分金属密封圈和橡胶密封圈，金属密封圈有上、下面之分，请注意方向，橡胶圈没有方向之分。金属圈的大斜面和釜体接触，小斜面和橡胶圈接触。安装前，请在圈上涂抹少量黄色高温润滑脂。

（15）给釜体螺纹涂抹润滑脂。

（16）安装下釜体，把下釜体放到不锈钢托盘上，下降釜体支架，直到下部螺纹和下部釜体相接触，停止下降，顺时针安装下釜体。

（17）釜体拧到头后退 5° 以上，且 45° 以下。

（18）检查釜体安装到位时弹簧总成是否悬浮，稍微旋转总成能轻易回弹。

（19）安装弹簧总成保护套。

（20）安装上釜盖，注意上釜盖的回油孔要正对右手边（拧到头后退 90°左右）。

（21）下降并安装支架到位后安装皮带、高压管线、扭矩传感器。

（22）用注射器装样品 175mL 左右，然后用堵头拧紧注样口。

（23）检查前面油瓶里的油是否大于半瓶，如不够请拧下油瓶添加，检查后面油瓶里的油是否已经装满，如装满请拧下倒出。

（24）确保黑色手动泄压阀处于打开状态，AIR 开关在 ON 位置，把面板上的 PUMP 开关打到 MAN 模式，直到观察到后面油瓶有连续的油流出，关闭PUMP，关闭手动泄压阀。

（25）把 PUMP 开关打到 AUTO 模式，把 RELEASE 开关打到 AUTO 模式，并把 HEAT 开关打到 ON 模式。

（26）在电脑端软件上开始已经设定好的程序，开始实验。

（27）该实验设备为高温高压设备，实验过程中，注意采取必要的安全措施，例如穿戴好工服、防护镜、口罩和绝热手套。

2.2.1.16 水泥浆气窜分析评价仪操作规程

（1）前期仪器准备。

①根据实验要求设定仪表温度。按 SET 键，按 < 键，移动需设置数字位，按 ∧ 键，数字增加；按 ∨ 键，数字减小。

②打开油罐加热开关，打开循环泵开关。

③检查内杆上"O"形圈是否完好，保证安装后的套筒密封，在底座上安装垫圈和过滤网，将内杆通过内孔与底座连接。螺栓固定住内杆与底座时，保证内杆与底座不晃动即可。

④安装套管（注意套管的上下是不同的）；安装上盖（将带孔的面朝向仪器的外侧），将装好的套管安装到加热套内。加热套底部有卡套，卡住套管底部。套管在加热套内可旋转。

⑤设置实验温度。按温度设置程序操作。等温度升到实验要求的温度后开始灌浆。将压力传感器安装到"U"形管上。连接传感器连线。

⑥从套管上面向套管内注水。依次打开"U"形管的两个阀门。保证"U"形管内冲满水，从灌浆口将水放净，保证套管底部有水。

⑦检查进气观察筒和测窜观察筒内的水位高度，以筒高度的三分之一为佳。如果筒内水少，须加水保持水位高度。

⑧将连接管装到套管的上部，外接软管。关闭水泥罐底部阀门，将准备好的水泥浆倒入水泥罐中，将软管与套管的底部连接。将水泥罐软管连接到灌浆罐上，打开水泥浆罐的气源开关。打开水泥罐底部阀门，打开套管的底部阀门。当水泥浆顶部软管流出后，慢慢关闭套管的底部阀门。关闭水泥罐底部阀门。两筒灌浆操作相同。关闭水泥罐压力气源。从释放孔释放水泥浆罐内的压力。拆除水泥浆罐的加压管线。用清水从套管顶部注水，清洗套管内多余的水泥浆，直到流出清水为止。保证套管内的水泥浆柱有效高度为1m。水泥浆进入套筒内后，通过仪表或软件观察水泥浆的静柱压力是否正

常。正常数值是水泥浆密度值乘以 10 为底部压力数值。失重筒一般做常压失重。所以，顶部不需要拧丝堵。测窜筒顶部一个孔连接倍压软管，另一个孔用丝堵堵上。

（2）开始实验。

①打开气源。

②将气罐压力仪表设置到实验验窜所需的压力值。压力仪表的压力值为理论验窜压力值 +8kPa（8kPa 为滤网穿透压力值，是实际测量值）。连接气罐的软管与测窜筒底部的测窜阀门。

③运行数据采集软件，设置倍压值，倍压值 = 模拟高度值 −1。点击"开始实验"按钮开始实验。

④当测窜筒失重到测窜值时，开始测窜。打开仪器侧面气罐的开关阀。打开测窜筒观察进气观察筒的进气与测窜筒的进气和出气情况。测窜时间一般不超过 10min。具体测窜时间视实验要求而定。

（3）结束实验。

①关闭所有打开的阀门。

②连接管连接软管，慢慢打开连接管的阀门。释放套管内的压力。

③拆除套管顶部的压力管线、连接管、丝堵等。

④将套管从加热套中拔出。

⑤清洗实验装置。

2.2.2　固井实验装备操作风险控制

2.2.2.1　设备设施风险防控措施

设备设施风险防控措施详见表 2.2。

表 2.2　设备设施风险防控一览表

序号	设备名称	安全风险	控制措施
1	恒速搅拌器	液体飞溅	正确佩戴劳保用品，严格按操作规程操作
2	高温高压失水仪	高温、高压	正确佩戴劳保用品，严格按操作规程操作
3	双釜增压稠化仪	高温、高压	正确佩戴劳保用品，严格按操作规程操作
4	双釜增压养护釜	高温、高压	正确佩戴劳保用品，严格按操作规程操作

序号	设备名称	安全风险	控制措施
5	常压稠化仪	高温	正确佩戴劳保用品，严格按操作规程操作
6	双温养护箱	高温	正确佩戴劳保用品，严格按操作规程操作
7	静胶凝强度/抗压强度双功能测试仪	高温、高压	定期检查气体管路，正确佩戴劳保用品，严格按操作规程操作
8	压力实验机	机械压力	正确佩戴劳保用品，严格按操作规程操作
9	便携式稠化仪	高温、高压	正确佩戴劳保用品，严格按操作规程操作
10	便携式高温高压养护釜	高温、高压	正确佩戴劳保用品，严格按操作规程操作
11	水泥收缩膨胀仪	高温、高压	定期检查气体管路，正确佩戴劳保用品，严格按操作规程操作
12	高温高压钻井液、水泥浆流变仪	高温、高压	定期检查气体管路，正确佩戴劳保用品，严格按操作规程操作
13	水泥浆气窜分析评价仪	高温	正确佩戴劳保用品，严格按操作规程操作

2.2.2.2 安防器材使用和急救知识

（1）灭火器使用方法。

①二氧化碳灭火器。

手提式二氧化碳灭火器在使用时，应首先将灭火器提到起火地点，放下灭火器，拔出保险销，一只手握住喇叭筒根部的手柄，另一只手紧握启闭阀的压把。不能直接用于抓住喇叭筒外壁或金属连接管，防止被冻伤；在室外使用时，应选择上风方向喷射；在室内狭小空间使用时，灭火后操作者应迅速离开，以防窒息。

②干粉灭火器。

手提式干粉灭火器常用的开启方法为压把法，将灭火器提到距火源适当位置后，让喷嘴对准火焰根部，拔去保险销，压下压把，灭火剂便会喷出灭火。灭火时站在上风处，扑救可燃烧液体呈现流淌状燃烧时，使用者应对准火焰根部由近而远并左右扫射，向前快速推进，直至火焰被全部扑灭。

③泡沫灭火器。

在距离火源10m左右时，拔掉安全销。之后将灭火器倒置，一只手紧握提

环，另一只手扶住筒体的底圈，对准火源的根源进行喷射即可。

（2）洗眼器使用方法。

洗眼器在使用前，应该先打开进水控制阀。一旦发生紧急情况，一定要按照下面的步骤进行操作：

①如需要洗眼时，先打开防尘盖。提醒：如果没有防尘盖此步骤可省略。

②按顺时针方向轻推洗眼开关推板。提醒：如果配备洗眼器踏板，在开时，可以踩下踏板。

③开关打开之后，洗眼阀门开启，双眼上前可作冲眼，以用作紧急的处理。

洗眼器使用完之后，关闭顺序如下：

①关闭进水控制阀。提醒：如果工作区一直有人，进水控制阀建议一直开启，如果没人工作，建议关闭，尤其是冬季等。

②等待15s以上，让洗眼器管道内的积水排尽，然后逆时针推回推板，洗眼阀门关闭。

③将防尘盖复位。

（3）急救知识。

①创伤急救。

创伤急救原则上是先抢救，后固定，再搬运，并注意采取措施，防止伤情加重或污染。需要送医院救治的，应立即做好保护伤员措施后送医院救治。急救成功的条件是：动作快，操作正确，任何延迟和误操作均可加重伤情，并可导致死亡。

抢救前，先使伤员安静躺平，判断全身情况和受伤程度，如有无出血、骨折和休克等。外部出血立即采取止血措施，防止失血过多而休克。外观无伤，但呈休克状态，以及神志不清或昏迷者，要考虑胸腹部内脏或脑部受伤的可能性。

为防止伤口感染，应用清洁布片覆盖。救护人员不得用手直接接触伤口，更不得在伤口内填塞任何东西或随便用药。

搬运时，应使伤员平躺在担架上，腰部束在担架上，防止跌下。平地搬运时，伤员头部在后，上楼、下楼、下坡时头部在上，搬运中应严密观察伤员，防止伤情突变。

若怀疑伤员有脊椎损伤（高处坠落者），在放置体位及搬运时必须保持脊柱不扭曲、不弯曲，应将伤员平卧在硬质平板上，并设法用沙土带（或其他代替物）放置于头部及躯干两侧以适当固定之，以免引起截瘫。

②止血。

伤口渗血：用比伤口稍大的消毒纱布数层覆盖伤口，然后进行包扎。若包扎后仍有较多渗血，可再加绷带适当加压止血。

伤口出血呈喷射状或鲜红血液涌出时，立即用清洁手指压迫出血点上方（近心端），使血流中断，并将出血肢体抬高或举高，以减少出血量。

用止血带或弹性较好的布带等止血，应先用柔软布片或伤员的衣袖等数层垫在止血带下面，再扎紧止血带，以刚使肢端动脉搏动消失为度。上肢每60min、下肢每80min放松一次，每次放松1~2min。开始扎紧与每次放松的时间均应书面标明在止血带旁。扎紧时间不宜超过4h。不要在上臂中1/3处和窝下使用止血带，以免损伤神经。若放松时观察已无大出血可暂停使用。严禁用电线、铁丝、细绳等作止血带。

高处坠落、撞击、挤压可能有胸腹内脏破裂出血：受伤者外观无出血但常表现为面色苍白，脉搏细弱，气促，冷汗淋漓，四肢厥冷，烦躁不安，甚至神志不清等休克状态，应迅速躺平，抬高下肢，保持温暖，速送医院救治。若送医院途中时间较长，可给伤员饮用少量糖盐水。

③高温中暑急救。

烈日直射头部，环境温度过高，饮水过少或出汗过多等都可以引起中暑现象，其症状一般为恶心、呕吐、胸闷、眩晕、嗜睡、虚脱，严重时抽搐、惊厥甚至昏迷。

若发生人员中暑，应立即将病员从高温或日晒环境转移到阴凉通风处休息。用冷水擦浴，湿毛巾覆盖身体，电扇吹风，或在头部置冰袋等方法降温，并及时给病员口服盐水。严重者送医院治疗。

④触电急救。

首先要使触电者迅速脱离电源，越快越好，电流作用的时间越长，伤害越重。可切断电源或使用绝缘物拉开触电者，使触电者脱离电源。

触电者脱离电源以后，现场救护人员应迅速对触电者的伤情进行判断，对症抢救，同时设法联系医生到现场接替救治。要根据触电伤员的不同情况，采用不同的急救方法：触电者神志清醒、有意识、心脏跳动、呼吸急促不能用心肺复苏法抢救，应将触电者抬到空气新鲜、通风良好的地方躺下，安静休息1~2h，让其慢慢恢复正常；触电者神志不清，判定意识无，有心跳，但呼吸停止或极微弱时，应立即用仰头抬颏法，使气道开放，并进行口对口人工呼吸，此时切记不能对触电者施行心脏按压；触电者神志丧失、判定意识无、心跳停止、呼吸停止或极微弱时，应立即施行心肺复苏法抢救。

救护人不可直接用手、其他金属及潮湿的物体作为救护工具，而应使用适当的绝缘工具，救护人最好用一只手操作以防自己触电。救护者在救护过程中，要注意自身和被救者与附近带电体之间的安全距离，防止再次触及带电设备。

防止触电者脱离电源后可能的摔伤，特别是当触电者在高处的情况下，应考虑防止坠落的措施。即使触电者在平地，也要注意触电者倒下的方向，注意防摔。救护者也应注意救护中自身的防坠落、摔伤措施。

⑤烧伤急救。

烧伤急救首先采用各种有效的措施灭火，使伤员尽快脱离热源，尽量缩短烧伤时间。

对已灭火而未脱衣服的伤员必须仔细检查全身状况和有无并合损伤，电灼伤、火焰烧伤或高温气、水烫伤均应保持伤口清洁。伤员的衣服鞋袜用剪刀剪开后除去，伤口全部用清洁布片覆盖，防止污染。四肢烧伤时，先用清洁冷水冲洗，然后用清洁布片消毒纱布覆盖送医院。

对爆炸冲击波烧伤的伤员要注意有无脑颅损伤、腹腔损伤和呼吸道损伤。强酸或碱等化学灼伤应立即用大量清水彻底冲洗，迅速将被侵蚀的衣物剪去，为防止酸、碱残留在伤口内，冲洗时间一般不少于 10min。对创面一般不做处理，尽量不弄破水泡，在保护表皮的同时检查有无化学中毒。

对危重的伤员，特别是对呼吸、心跳不好或停止的伤员立即就地紧急救护，待情况好转后再送医院。

未经医务人员同意，灼伤部位不宜敷搽任何药物。

可给伤员多次少量口服精盐水。

⑥烫伤急救。

迅速移去热力对身体的伤害，可采取用水冷却表面的方法，若是化学烧伤，应立即脱去被污染的衣服，立即用大量清水冲洗，时间一般为 20~30min。

用干净湿纱布包好创面。

注意：烧伤、烫伤病人应尽量不喝水或喝少许盐水，注意创面保护。

⑦心肺复苏方法。

a. 人工呼吸方法。

施行人工呼吸前，应先解开伤者身上妨碍呼吸的衣服，取出口腔内妨碍呼吸的杂物，以利呼吸道通畅。

将伤者仰卧，并使其头部充分后仰，鼻孔朝上，以利其呼吸道通畅，同时把口张开。

手帕置于伤者口唇上，施救者先深吸一口气。

一只手捏住伤者鼻孔，以防漏气，另一只手托起伤者下颌，嘴唇封住伤者张开的嘴巴，用口将气经口腔吹入伤者肺部。

松开捏鼻子的手使伤者将废气呼出，注意此时施救者人员必须将头转向一侧，防止伤者呼出的废气造成伤害。

救护换气时，放松伤者的嘴和鼻，让其自动呼吸，此时伤者有轻微自然呼吸时，人工呼吸应与其规律保持一致，当自然呼吸有好转时，人工呼吸可停止，并观察伤者呼吸有无复原或呼吸梗阻现象。人工呼吸每分钟大约进行14~16次，连续不断地进行，直至恢复自然呼吸为止，在做人工呼吸的同时，要为伤者施行心脏按压。

b. 心脏按压方法。

进行胸外心脏按压时，应使伤者仰在比较坚实的地方，姿势与口对口（鼻）人工呼吸相同。按压部位为胸部骨中心下半段，即心窝稍高，两乳头略低，胸骨下三分之一处。

救护人两臂关节伸直，将一只手掌根部置于按压部分，另一只手压在该手背上，五指翘起，以免损伤肋骨，采用冲击式向脊椎方向压迫，使胸部下陷4.5~5cm，以不低于 100 次 /min 的频率进行心脏按压。

新生儿除外，无论是单人法抢救还是双人法抢救，按压与呼吸的比例统一为 30∶2，当观察到伤者颈动脉开始搏动，就要停止按压，但应继续做口对口人工呼吸，在施救过程中，要注意检查和观察伤者的呼吸与颈动脉搏动情况，一旦伤者心脏复苏，立即转送医院做进一步治疗。

2.3 装备维护保养

2.3.1 恒速搅拌器维护保养规程

（1）每次实验后，应彻底清洗搅拌容器，以清除可能导致磨损的沉积物。

（2）检查搅拌容器中的叶片是否磨损。

（3）检查叶片在容器中是否自由转动。

（4）若浆杯漏水，不能再使用，以防烧坏电动机。

2.3.2 六速旋转黏度计维护保养规程

（1）测试完后，必须清洁仪器与样品接触部件。安装内外筒时要动作轻柔。

（2）每次使用完毕后，应及时将仪器擦拭干净。仪器长期不用时，应放置在干燥环境中，定期涂润滑油脂。

（3）当移动、维修或清洁仪器时，要轻拿轻放，定期校准、调零。

（4）维修和移动仪器应切断电源。

2.3.3 高温高压失水仪维护保养规程

2.3.3.1 实验前维护

（1）查阅实验仪器设备运转原始记录本和设备履历表，了解设备运行情况及存在问题。

（2）检测设备有无松动、漏气部位。

（3）检测设备运转情况，做好点检工作。

2.3.3.2 实验后维护

（1）关闭温度和气源压力控制开关，释放管路中压力并关闭相关阀门，关闭设备总电源。

（2）整理工具及附件，擦拭设备。

（3）清除污渍、杂物及油污，清扫设备周围垃圾，保持工作场地清洁。

（4）做好维护记录。

2.3.3.3 设备定期维护

（1）高温高压失水仪每运行 200h 进行一次维护，以操作工人为主，维修工人配合进行。

（2）首先切断电源、气源，然后进行保养工作（表 2.3）。

表 2.3　高温高压失水仪保养要求

序号	保养部位	保养内容及要求
1	外保养	①擦拭设备，无油污、杂物； ②补齐螺钉、螺帽、标牌等； ③检修安全网
2	浆筒	①检查盖滤网是否损坏，并及时更换； ②检测螺纹及"O"形圈等密封处是否有脏污和损坏，并及时更换
3	热电偶和温度控制器系统	①检查热电偶是否笔直，检查热电偶探针外部，查看粗细及是否有裂痕，如果需要，更换元件或整个热电偶； ②检查恒温切断器

2.3.4　双釜增压稠化仪维护保养规程

2.3.4.1　实验前维护

（1）查阅实验仪器设备运转原始记录本和设备履历表，了解设备运行情况及存在问题。

（2）检测设备有无松动、漏气、漏油部位。

（3）检测设备运转情况，做好点检工作。

2.3.4.2　实验后维护

（1）关闭各传动控制、温度和压力控制开关，释放管路中水、气、油压力并关闭相关阀门，关闭设备总电源。

（2）整理工具及附件，擦拭设备。

（3）清除污渍、杂物及油污，清扫设备周围垃圾，保持工作场地清洁。

（4）做好维护记录。

2.3.4.3　设备定期维护。

（1）增压稠化仪每运行 200h 进行一次维护，以操作工人为主，维修工人配合进行。

（2）首先切断电源、气源、水源，然后进行保养工作（表2.4）。

表2.4 双釜增压稠化仪保养要求

序号	保养部位	保养内容及要求
1	外保养	①擦拭设备，无油污、杂物； ②补齐螺钉、螺帽、标牌等； ③检修安全防护罩
2	高压釜体	①检查在釜体芯上的"O"形圈出现断裂、损坏，有颗粒嵌入或印迹时应更换"O"形圈； ②检测磁力驱动，包括碳素轴承、青铜轴承、挡圈、"O"形圈和垫圈等
3	电位计装置	①清理掉电阻片及弹簧片上的水泥沉淀物； ②更换有磨损标志部件，如电阻片、标定弹簧，并进行电位计校准
4	浆杯	①检查浆杯底塞； ②检查浆杯轴销磨损情况和浆杯轴是否笔直； ③浆叶弯曲或损坏时应立即更换
5	热电偶和温度控制器系统	①检查热电偶是否笔直，检查热电偶反丝和压紧螺帽是否清洁和螺纹口是否良好，检查热电偶探针外部，查看粗细及是否有裂痕，如果需要，更换元件或整个热电偶； ② API 规范要求温度测量系统的精度每个月校准一次
6	过滤器	如果发现回油不畅或无法回油，应及时清洗或更换过滤滤芯

2.3.5 双釜增压养护釜维护保养规程

2.3.5.1 实验前维护

（1）查阅实验仪器设备运转原始记录本和设备履历表，了解设备运行情况及存在问题。

（2）检测设备有无松动、漏气、漏油部位。

（3）检测设备运转情况，做好点检工作。

2.3.5.2 实验后维护

（1）关闭各传动控制、温度和压力控制开关，释放管路中水、气、油压力并关闭相关阀门，关闭设备总电源。

（2）整理工具及附件，擦拭设备。

（3）清除污渍、杂物及油污，清扫设备周围垃圾，保持工作场地清洁。

（4）做好维护记录。

2.3.5.3　设备定期维护

（1）增压养护釜每运行 200h 进行一次维护，以操作工人为主，维修工人配合进行。

（2）首先切断电源、气源、水源，然后进行保养工作（表 2.5）。

表 2.5　双釜增压养护釜维护保养要求

序号	保养部位	保养内容及要求
1	外保养	①擦拭设备，无油污、杂物； ②补齐螺钉、螺帽、标牌等； ③检修安全防护罩
2	高压釜体	①检查釜盖密封环是否完好，如出现金属表面擦伤，应更换密封环； ②检查泄压阀，泄压阀弹簧长时间会产生机械疲劳，要适时调节弹簧保持压力； ③如果有水泥颗粒落入釜底，应及时把它取出，以免水泥颗粒受力而从泄压阀排出，使泄压阀寿命降低或者堵塞管道，必要时要更换水滤接头中的滤网
3	模具	①检查模具完整度； ②检查模具螺钉是否能拧紧； ③模具出现装液漏失并无法封堵，联系厂家更换
4	热电偶和温度控制器系统	①检查热电偶是否笔直，检查热电偶反丝和压紧螺帽是否清洁和螺纹口是否良好，检查热电偶探针外部，查看粗细及是否有裂痕，如果需要，更换元件或整个热电偶； ② API 规范要求温度测量系统的精度每个月校准一次

2.3.6　常压稠化仪维护保养规程

2.3.6.1　实验前维护

（1）查阅实验仪器设备运转原始记录本和设备履历表，了解设备运行情况及存在问题。

（2）检测设备有无松动、漏气、漏油部位。

（3）检测设备运转情况，做好点检工作。

2.3.6.2　实验后维护

（1）关闭各传动控制、温度和压力控制开关，释放管路中水、气、油压力并关闭相关阀门，关闭设备总电源。

（2）整理工具及附件，擦拭设备。

（3）清除污渍、杂物及油污，清扫设备周围垃圾，保持工作场地清洁。

（4）做好维护记录。

2.3.6.3 设备定期维护

（1）常压稠化仪每运行200h进行一次维护，以操作工人为主，维修工人配合进行。

（2）首先切断电源、气源、水源，然后进行保养工作（表2.6）。

表2.6 常压稠化仪保养要求

序号	保养部位	保养内容及要求
1	外保养	①擦拭设备，无油污、杂物； ②补齐螺钉、螺帽、标牌等； ③检修安全防护罩
2	仪器传动机构	仪器传动机构应定期检查，并用机油润滑
3	水箱	水浴加热要经常清洗水箱水垢，并注意加水保持水箱水位
4	浆杯	①检查浆杯底塞； ②检查浆杯轴销磨损情况和浆杯轴是否笔直； ③浆叶弯曲或损坏时应立即更换； ④标准叶片的外缘应刷干净，并在每次实验前，在和水泥浆接触的表面应涂一层薄薄的凡士林
5	热电偶和温度控制器系统	①检查热电偶是否笔直，检查热电偶反丝和压紧螺帽是否清洁和螺纹口是否良好，检查热电偶探针外部，查看粗细及是否有裂痕，如果需要，更换元件或整个热电偶； ② API规范要求温度测量系统的精度每个月校准一次

2.3.7 强度养护箱维护保养规程

2.3.7.1 实验前维护

（1）查阅实验仪器设备运转原始记录本和设备履历表，了解设备运行情况及存在问题。

（2）检测设备有无松动、漏气、漏油部位。

（3）检测设备运转情况，做好点检工作。

2.3.7.2 实验后维护

（1）关闭各传动控制、温度和压力控制开关，释放管路中水、气、油压力并关闭相关阀门，关闭设备总电源。

（2）整理工具及附件，擦拭设备。

（3）清除污渍、杂物及油污，清扫设备周围垃圾，保持工作场地清洁。

（4）做好维护记录。

2.3.7.3　设备定期维护

（1）强度养护箱每运行 200h 进行一次维护，以操作工人为主，维修工人配合进行。

（2）首先切断电源、气源、水源，然后进行保养工作（表2.7）。

表 2.7　强度养护箱保养要求

序号	保养部位	保养内容及要求
1	外保养	①擦拭设备，无油污、杂物； ②补齐螺钉、螺帽、标牌等
2	水箱	①水浴加热要经常清洗水箱水垢，并注意加水保持水箱水位； ②长时间不使用应把水箱中水放净，擦干，以免腐蚀水箱及热电偶
3	热电偶和温度控制器系统	①检查热电偶是否笔直，检查热电偶反丝和压紧螺帽是否清洁和螺纹口是否良好，检查热电偶探针外部，查看粗细及是否有裂痕，如果需要，更换元件或整个热电偶； ② API 规范要求温度测量系统的精度每个月校准一次

2.3.8　匀加荷压力实验机维护保养规程

2.3.8.1　实验前维护

（1）查阅实验仪器设备运转原始记录本和设备履历表，了解设备运行情况及存在问题。

（2）检测设备有无松动、漏气、漏油部位。

（3）检测设备运转情况，做好点检工作。

2.3.8.2　实验后维护

（1）关闭各传动控制、温度和压力控制开关，释放管路中水、气、油压力并关闭相关阀门，关闭设备总电源。

（2）整理工具及附件，擦拭设备。

（3）清除污渍、杂物及油污，清扫设备周围垃圾，保持工作场地清洁。

（4）做好维护记录。

2.3.8.3　设备定期维护

（1）匀加荷压力实验机每运行 200h 进行一次维护，以操作工人为主，维修工人配合进行。

（2）首先切断电源、气源、水源，然后进行保养工作（表2.8）。

表2.8　匀加荷压力实验机保养要求

保养部位	保养内容及要求
外保养	①擦拭设备，无油污、杂物； ②补齐标牌等

2.3.9　静胶凝强度仪维护保养规程

2.3.9.1　实验前维护

（1）查阅实验仪器设备运转原始记录本和设备履历表，了解设备运行情况及存在问题。

（2）检测设备有无松动、漏气、漏油部位。

（3）检测设备运转情况，做好点检工作。

2.3.9.2　实验后维护

（1）关闭各传动控制、温度和压力控制开关，释放管路中水、气、油压力并关闭相关阀门，关闭设备总电源。

（2）整理工具及附件，擦拭设备。

（3）清除污渍、杂物及油污，清扫设备周围垃圾，保持工作场地清洁。

（4）做好维护记录。

2.3.9.3　设备定期维护

（1）静胶凝强度仪每运行200h进行一次维护，以操作工人为主，维修工人配合进行。

（2）首先切断电源、气源、水源，然后进行保养工作（表2.9）。

表2.9　静胶凝强度仪保养要求

序号	保养部位	保养内容及要求
1	外保养	①擦拭设备，无油污、杂物； ②补齐螺钉、螺帽、标牌等； ③检修安全网
2	浆筒	①检查盖滤网是否损坏，并及时更换； ②检测螺纹及"O"形圈等密封处是否有脏污和损坏，并及时更换
3	热电偶和温度控制器系统	①检查热电偶是否笔直，检查热电偶探针外部，查看粗细及是否有裂痕，如果需要，更换元件或整个热电偶； ②检查恒温切断器

2.3.10 便携式增压稠化仪维护保养规程

2.3.10.1 实验前维护

（1）查阅实验仪器设备运转原始记录本和设备履历表，了解设备运行情况及存在问题。

（2）检测设备有无松动、漏气、漏油部位。

（3）检测设备运转情况，做好点检工作。

2.3.10.2 实验后维护

（1）关闭各传动控制、温度和压力控制开关，释放管路中水、气、油压力并关闭相关阀门，关闭设备总电源。

（2）整理工具及附件，擦拭设备。

（3）清除污渍、杂物及油污，清扫设备周围垃圾，保持工作场地清洁。

（4）做好维护记录。

2.3.10.3 设备定期维护

（1）便携式增压稠化仪每运行200h进行一次维护，以操作工人为主，维修工人配合进行。

（2）首先切断电源、气源、水源，然后进行保养工作（表2.10）。

表 2.10 便携式增压稠化仪保养要求

序号	保养部位	保养内容及要求
1	外保养	①擦拭设备，无油污、杂物； ②补齐螺钉、螺帽、标牌等； ③检修安全防护罩
2	高压釜体	①检查在釜体芯上的"O"形圈是否出现断裂、损坏，有颗粒嵌入或印迹时，应更换"O"形圈； ②检测磁力驱动，包括碳素轴承、青铜轴承、挡圈、"O"形圈和垫圈等
3	电位计装置	①清理掉电阻片及弹簧片上的水泥沉淀物； ②更换有磨损标志部件，如电阻片、标定弹簧，并进行电位计校准
4	浆杯	①检查浆杯底塞； ②检查浆杯轴销磨损情况和浆杯轴是否笔直； ③浆叶弯曲或损坏时应立即更换
5	热电偶和温度控制器系统	①检查热电偶是否笔直，检查热电偶反丝和压紧螺帽是否清洁和螺纹口是否良好，检查热电偶探针外部，查看粗细及是否有裂痕，如果需要，更换元件或整个热电偶； ② API规范要求温度测量系统的精度每个月校准一次
6	过滤器	如果发现回油不畅或无法回油，应及时清洗或更换过滤滤芯

2.3.11 便携式高温高压养护釜维护保养规程

2.3.11.1 实验前维护

（1）查阅实验仪器设备运转原始记录本和设备履历表，了解设备运行情况及存在问题。

（2）检测设备有无松动、漏气、漏油部位。

（3）检测设备运转情况，做好点检工作。

2.3.11.2 实验后维护

（1）关闭各传动控制、温度和压力控制开关，释放管路中水、气、油压力并关闭相关阀门，关闭设备总电源。

（2）整理工具及附件，擦拭设备。

（3）清除污渍、杂物及油污，清扫设备周围垃圾，保持工作场地清洁。

（4）做好维护记录。

2.3.11.3 设备定期维护

（1）便携式高温高压养护釜每运行200h进行一次维护，以操作工人为主，维修工人配合进行。

（2）首先切断电源、气源、水源，然后进行保养工作（表2.11）。

表2.11　便携式高温高压养护釜保养要求

序号	保养部位	保养内容及要求
1	外保养	①擦拭设备，无油污、杂物； ②补齐螺钉、螺帽、标牌等； ③检修安全防护罩
2	高压釜体	①检查釜盖密封环是否完好，如出现金属表面擦伤，应更换密封环； ②检测泄压阀，泄压阀弹簧长时间会产生机械疲劳，要适时调节弹簧保持压力； ③如果有水泥颗粒落入釜底，应及时把它取出，以免水泥颗粒受力而从泄压阀排出，使泄压阀寿命降低或者堵塞管道，必要时要更换水滤接头中的滤网
3	模具	①检查模具完整度； ②检查模具螺钉是否能拧紧； ③模具出现装液漏失并无法封堵，联系厂家更换
4	热电偶和温度控制器系统	①检查热电偶是否笔直，检查热电偶反丝和压紧螺帽是否清洁和螺纹口是否良好，检查热电偶探针外部，查看粗细及是否有裂痕，如果需要，更换元件或整个热电偶； ②API规范要求温度测量系统的精度每个月校准一次

2.3.12　水泥收缩膨胀仪维护保养规程

2.3.12.1　实验前维护

（1）查阅实验仪器设备运转原始记录本和设备履历表，了解设备运行情况及存在问题。

（2）检测设备有无松动、漏气、漏油部位。

（3）检测设备运转情况，做好点检工作。

2.3.12.2　实验后维护

（1）关闭各传动控制、温度和压力控制开关，释放管路中水、气、油压力并关闭相关阀门，关闭设备总电源。

（2）整理工具及附件，擦拭设备。

（3）清除污渍、杂物及油污，清扫设备周围垃圾，保持工作场地清洁。

（4）做好维护记录。

2.3.12.3　设备定期维护

（1）水泥收缩膨胀仪每运行200h进行一次维护，以操作工人为主，维修工人配合进行。

（2）首先切断电源、气源、水源，然后进行保养工作（表2.12）。

表 2.12　水泥收缩膨胀仪保养要求

序号	保养部位	保养内容及要求
1	外保养	①擦拭设备，无油污、杂物； ②补齐螺钉、螺帽、标牌等； ③检修安全网
2	浆筒	①检查盖滤网是否损坏，并及时更换； ②检测螺纹及"O"形圈等密封处是否有脏污和损坏，并及时更换
3	热电偶和温度控制器系统	①检查热电偶是否笔直，检查热电偶探针外部，查看粗细及是否有裂痕，如果需要，更换元件或整个热电偶； ②检查恒温切断器

2.3.13　水泥水化热测定仪维护保养规程

（1）水泥水化热测定仪采用空气浴系统，所以需要洁净的环境，空气经过背后的滤网进入仪器中，定期更换滤网，最好每月一次。

（2）更换滤网时，只需取下滤网卡扣，然后换干净的滤网，并将卡扣重新装好。

2.3.14　高温高压流变仪维护保养规程

（1）控制器标定。

温度和压力控制器应该定期进行标定。

（2）高压隔膜阀。

仪器配置了一个额定工作压力 60000psi 的隔膜阀和 40in 长的高压毛细钢管用于释放压力。隔膜气体压力应调节到 90psi（700kPa）。检查阀杆及密封填料是否需要拧紧或者更换。

（3）高压泵及润滑器。

仪器配置了增压比为 1:400 的气驱液压泵，根据提供的气压，可最大增压到 40000psi。工厂提供大修包用于维修增压泵。润滑器需要调节到每打泵 20次，滴一滴油，可使用增压油进行润滑。

（4）高压过滤器。

仪器配置了高压过滤器，滤芯规格 100μm，过滤器可拆开清洁，如果需要，应更换滤芯。

（5）空气过滤器。

仪器进气口处应安装空气过滤器，并定期更换滤芯。

（6）釜体升降器。

系统配置了梯形丝杆，齿轮马达用于升降釜体进出夹套，光学限位器可在到达顶部和底部限位螺钉时停止电动机。梯形丝杆必须定期使用专用润滑剂润滑。齿轮电动机通过正时皮带带动梯形丝杆，所用的正时皮带需要每年更换，以防失效，升降器和釜体的重量可以驱动梯形丝杆。马达上有一个孔可以用来调节正时皮带的松紧。连接升降器和梯形丝杆的螺栓必须定期检查，如果发现磨损或者损坏必须马上更换。升降器驱动电路位于仪器右侧，打开侧盖，驱动电路的速度已由工厂调至全速，电路部分无需任何调整。根据电动机功率配置了一个电枢保险丝，如果保险丝熔断，则电动机需要检修。

（7）宝石轴承和枢轴。

定子悬停在枢轴上，用尖嘴钳可以取出枢轴。定子通过蓝宝石轴承悬停在枢轴上，宝石轴承适配器可以从定子底部取下来，再用一字螺丝刀取出宝石轴承。

（8）加热/冷却夹套。

仪器配置的是加热和冷却一体式的夹套，内部集成了6块加热模块用于加热，内部留有通道用于冷却水通过以便降温。加热器通过控制器和固态继电器进行控制，加热时需要打开加热器开关，因为除了固态继电器，加热器线路还由一个电磁继电器控制。温度极限开关会在温度超过750°F（400℃）时切断加热器，同样，当压力超过42000psi（290MPa）时，加热器同样会被切断。

（9）釜体。

①热电偶套管。

a. 位于釜体底部的热电偶套管具备多重功能，定位热电偶使其更接近测试样品，以提高测温精度，定位枢轴，定位转子轴承，最后它还是釜体底部的高压密封部件。

b. 松掉釜体底部的3/8in螺母即可取下热电偶套管，更换新套管，装上平垫片和螺母，并用25lbf·ft的扭力拧紧，最后在实验之前应测试密封性。

c. 热电偶套管属于承压部件，如果发现任何损坏应及时更换。

②密封圈。

顶帽和釜体上的橡胶及金属密封圈是完全一样的，因此可以互换。金属密封圈可以长期使用，但是橡胶密封圈需要在每次高温实验后更换。每一处密封面都有一个排放口，避免压力泄漏时压力作用于整个螺纹区域。

（10）磁驱动。

内磁驱动转子上配置的PEEK衬套如果损坏可以更换，内磁驱动转子总成没有办法维修，如果损坏只能更换整个总成。

外磁力驱动转子上配置的轴承如果损坏可以更换，外磁驱动转子总成没有办法维修，如果损坏只能更换整个总成。

（11）扭矩感应编码器。

仪器配置了一台高解析度的扭矩感应编码器，用以感知釜体内磁力和弹簧总成的偏转角度。编码器的编码轮悬停在宝石轴承之间。安装和取下编码器之前应先关闭电源，取下编码器之前先取下数据连线。

（12）增压油容器瓶。

Nalgene® 塑料瓶用来装增压油，其中供油瓶装新油，而回油瓶装旧油，大约 20psi 的压缩空气给供油瓶增压，以方便仪器进油。供油瓶配有自动泄压阀，以确保气压不会超过 30psi（表 2.13）。

表 2.13　高温高压流变仪维护保养计划

组件	每次实验	每月	每 6 个月	每年
釜体密封圈	检查、按需更换			
釜体总成	检查、按需更换			检查，压力测试
爆裂盘				更换
样品热电偶			标定	
夹套热电偶			标定	
压力传感器			标定	
釜体升降器		梯形丝杆润滑		
剪切应力		用标准液标定		
剪切速率				用转速计标定

2.3.15　水泥浆气窜分析仪维护保养规程

2.3.15.1　实验前维护

（1）查阅实验仪器设备运转原始记录本和设备履历表，了解设备运行情况及存在问题。

（2）检测设备有无松动、漏气、漏油部位。

（3）检测设备运转情况，做好点检工作。

2.3.15.2　实验后维护

（1）关闭各传动控制、温度和压力控制开关，释放管路中水、气、油压力并关闭相关阀门，关闭设备总电源。

（2）整理工具及附件，擦拭设备。

（2）清除污渍、杂物及油污，清扫设备周围垃圾，保持工作场地清洁。

（4）做好维护记录。

2.3.15.3　设备定期维护

（1）水泥浆气窜分析仪每运行 200h 进行一次维护，以操作工人为主，维修工人配合进行。

（2）首先切断电源、气源、水源，然后进行保养工作（表2.14）。

表 2.14　水泥浆气窜分析仪保养要求

序号	保养部位	保养内容及要求
1	外保养	①擦拭设备，无油污、杂物； ②补齐螺钉、螺帽、标牌等； ③检修安全防护罩
2	实验筒	①检测实验筒内外表面是否有油污、水泥残留物等杂质，须清理干净后才能进行实验； ②检查实验筒两端密封圈是否完好，如有破损，及时更换； ③检查阀门、滤网等部件是否完好，如有破损，及时更换
3	模具	①检查模具完整度； ②检查模具螺钉是否能拧紧； ③模具出现装液漏失并无法封堵，联系厂家更换
4	温度控制器系统	温度测量系统的精度每个月校准一次

3 固井实验室目视化管理

目视化管理也叫可视化管理，是利用形象、直观而又色彩适宜的各种视觉感知信息来组织实验室生产活动，达到提高劳动生产率的一种管理手段。

3.1 人员目视化

3.1.1 服装穿戴规范

（1）劳保着装。

实验室人员劳保穿戴如图 3.1 所示，实验室员工、外来参观人员着装规范详见表 3.1。

图 3.1 劳保着装

表 3.1　实验室员工、外来参观人员着装规范

要素	具体内容	备注
对象	实验室员工、外来参观人员	—
位置	统一标准穿戴	—
内容	员工及外来人员（参观、指导或学习等）进入实验场所，其劳保着装必须符合该作业场所的安全要求，统一穿着实验服、防护用品（根据岗位风险选择）	—
要求	①工作牌挂于左胸口袋上方； ②衣领整齐，实验服颗扣全部扣上； ③下装穿长裤	—
材质	标准统一，指同一款式服装实现制作工艺、面料等技术标准的统一	—
执行标准	《××××公司安全目视化管理规定》	第三章第十条

（2）安全帽。

不同类型人员安全帽如图 3.2 所示，安全帽具体内容详见表 3.2。

管理人员（机关除专职安全监督外）

安全监督人员

承包商人员

现场操作、作业人员

图 3.2　不同类型人员安全帽类别

表 3.2　安全帽具体内容

要素	具体内容
对象	安全帽
位置	工程技术研究员
内容	安全帽颜色，色彩为 CMYK 模式；白色：C：0 M：0 Y：0 K：0；黄色：C：0 M：10 Y：100 K：0；蓝色：C：100 M：40 Y：0 K：0；红色：C：0 M：90 Y：100 K：0
要求	管理人员（机关除专职安全监督外）为白色，安全监督人员为黄色，承包商人员为蓝色，现场操作、作业人员为橘红色
材质	标准统一
执行标准	《安全帽生产与使用管理规范》（Q/SY 1129—2011）

3.1.2　人员证件

人员证件规范见表 3.3，准入证样式如图 3.3 所示，准入证规范见表 3.4。

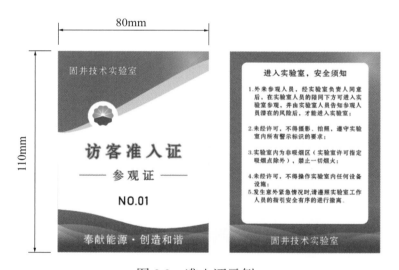

图 3.3　准入证示例

表 3.3　人员证件规范

要素	具体内容	备注
对象	实验室员工	—
位置	佩戴在实验室员工左侧胸前	—
内容	最上面为"固井实验室"，左侧为员工的白底一寸照片，其次为姓名、岗位	—
规格	85mm×35mm	—
材质	亚克力	—

表 3.4　准入证规范

要素	具体内容
对象	准入证
位置	佩戴在外来人员身上
内容	其他外来检查、参观或学习人员进入实验室应佩戴出入证，如需进入实验室，在应属地实验室相关人员的陪同下进入指定区域
规格	110mm × 80mm
材质	塑封
执行标准	—

3.2　实验室场所目视化

3.2.1　实验室公共区域

（1）实验室简介牌。

实验室简介牌样式如图 3.4、图 3.5 所示，实验室简介牌规范见表 3.5。

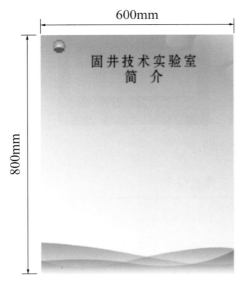

图 3.4　实验室简介牌（展示板）

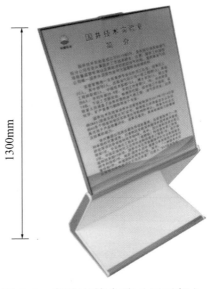

图 3.5　实验室简介牌（展示架）

表 3.5 实验室简介牌规范

要素	具体内容	备注
对象	每个独立建制的实验室简介	—
位置	放置于实验室入门大厅左侧	—
内容	内容包括：实验室名称、实验室成立时间、主要人员、设备、实验能力和资质情况等	—
规格	展示板：800mm×600mm；展示架：高度1300mm	—
材质	亚克力＋喷绘＋金属框架	—
执行标准	—	—

（2）职业病危害告知卡。

职业病危害告知卡样式如图 3.6 所示，职业病危害告知卡规范见表 3.6。

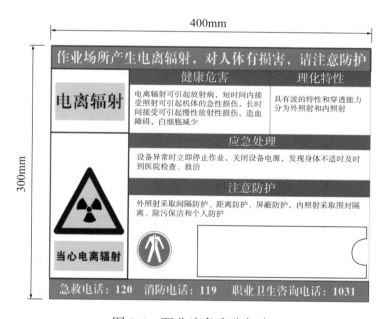

图 3.6 职业病危害告知卡

表 3.6 职业病危害告知卡规范

要素	具体内容	备注
对象	职业病危害告知卡	—
位置	职业病危害公告牌应设置在有职业危害的实验室外的墙面上，标明实验室职业病危害告知事项	—

要素	具体内容	备注
内容	告知卡上部应标明"职业病危害警示告知卡"。告知卡内容宜为表格样式，采用文字描述说明产生严重职业病危害物品的理化特性、健康危害、应急处理和防护措施要求，并设置醒目 HSE 标志进行风险与防护提示。 表格顶部应标示"有毒物品，对人体有害，请注意防护"文字提示语； 表格中部为"理化性质""健康危害""应急处理""防护措施"； 表格底部应设置标准限值、检测数据、检测日期和应急救援、职业卫生咨询电话等信息	—
规格	500mm × 400mm	—
材质	告知卡宜采用铝板制作，厚度不宜小于 1.5mm，底色应为白色，色号 SJ–23	

（3）实验室区域风险警示牌。

实验室区域风险警示牌如图 3.7 所示；实验室区域风险警示牌规范见表 3.7。

图 3.7　实验室区域风险警示牌

表 3.7　实验室区域风险警示牌规范

要素	具体内容
对象	实验室区域风险警示牌
位置	实验室区域风险警示牌设置在实验室一楼
内容	实验室相对独立区域识别出的主要风险，如"当心机械伤人""注意通风"等
规格	标识区域宽度应为 950mm，高度应为 450mm，可粘贴于面板正面；标识区域底色应为白色，色号 SJ–23；标识区域上部应设置宝石花与进入生产区域提示语。标识区域下部应设置 HSE 标志
材质	不锈钢 + 喷绘

（4）紧急集合地点。

紧急集合地点样式如图 3.8 所示；紧急集合地点规范见表 3.8。

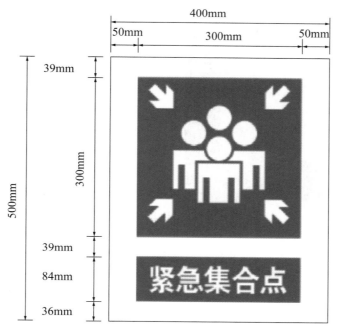

图 3.8　紧急集合地点

表 3.8　紧急集合地点规范

要素	具体内容	备注
对象	紧急集合地点	—
位置	实验区域外平坦开阔、地下无天然气管线和其他安全隐患的合适区域	—
内容	上部为"紧急集合地点"的标识，绿底白字的"紧急集合地点"	—
规格	500mm×400mm	—
材质	不锈钢／铝合金板	—

3.2.2　室内实验区域目视化

（1）入场提示牌。

入场提示牌样式如图 3.9 所示，入场提示牌规范见表 3.9。

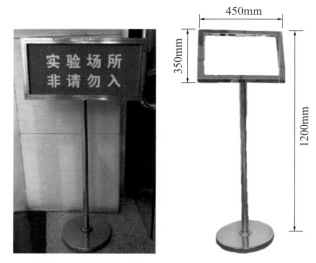

图 3.9　入场提示牌

表 3.9　入场提示牌规范

要素	具体内容
对象	入场提示牌
位置	立在实验室入口处
内容	蓝底白字，"实验场所非请勿入"
规格	450mm×350mm，高 1200mm
材质	不锈钢框架、彩色喷绘
执行标准	—

（2）属地管理牌。

属地管理牌规范见表 3.10。

表 3.10　属地管理牌规范

要素	具体内容
对象	属地管理牌
位置	悬挂在每个实验室及办公室门上
内容	展示实验室属地管理划分、属地责任人、安全状态、管理职责、主要风险及控制措施等
规格	600mm×480mm
材质	亚克力
执行标准	—

（3）三联系人标牌。

三联系人标牌规范见表3.11。

表 3.11　三联系人标牌规范

要素	具体内容	备注
对象	领导干部安全联系点标牌	—
位置	牌底距地面1.6m，栏目数视各单位具体情况而定	—
内容	在三联系点悬挂各级安全联系人员标牌。包括联人单位，单位联系人、本单位安全负责人、本单位党建责任人姓名、职务	—
规格	400mm×300mm	—
材质	亚克力	—
执行标准	××公司安全目视化管理规范	第1页，第三条

（4）实验室门牌。

实验室门牌规范见表3.12。

表 3.12　实验室门牌规范

要素	具体内容	备注
对象	实验室门牌	—
位置	安装在门楣外墙处，与墙面垂直	—
内容	上排为房间名称，如"CNAS认可检测室"，下排蓝色区域为实验室名称。字体：汉仪大黑简体	—
规格	400mm×155mm	—
材质	亚克力	—
执行标准	—	—

（5）楼层提示牌。

楼层提示牌规范见表3.13。

表 3.13　楼层提示牌规范

要素	具体内容	备注
对象	楼层提示牌	—
位置	实验楼楼梯通道上方醒目位置，提示牌底部距地面1m	—
内容	楼层序号及该楼层各房间名称及平面示意图	—
规格	800mm×480mm	—
材质	亚克力	—
执行标准	—	—

（6）实验区域警示线。

实验区域警示线规范见表 3.14。

表 3.14　实验区域警示线规范

要素	具体内容	备注
对象	实验室区域安全区域划分	—
位置	实验装置、设备等危险区域周边应设置区域警示线，警示线宜设在实验场所装置设备外缘外侧不少于 30cm 处	—
内容	区域警示线分为红色和黄色两种，宽度均为 80~100mm。红色警示线采用大红色，色号为 SJ-01，表示存在严重危险区域，外来人员禁止入内；黄色警示线采用淡黄色，色号为 SJ-06，表示存在危险区域，外来人员未经许可不得入内	—
规格	长度根据实验区域确定，宽度 80mm	—
材质	3M 反光贴膜	—

（7）HSE 标识牌。

禁止标识的基本形式应为带斜杠的圆形边框，外圆直径 300mm，内圆直径 240mm，斜杠宽 24mm，与水平夹角为 45°；标志外边缘应距标识牌上边缘 40mm，距左右两侧边缘各 50mm；带斜杠圆形边框应为大红色，色号 SJ-01；所禁止行为图标应为黑色，色号 SJ-20。文字辅助标志的基本形式应为矩形边框，宽 300mm、高 80mm；矩形边框上边缘距禁止标识牌下边缘 40mm，距标识牌左右两侧边缘各 50mm，矩形边框内应填充大红色，色号 SJ-01；文字应为白色，色号 SJ-23，字高 50mm，横向居中布置（图 3.10）。

图 3.10　禁止标识

警告标识的基本形式应为等边三角形边框，外边尺寸 300mm，内边直径 210mm；标志外边缘应距标识牌上边缘 40mm，距左右两侧边缘各 50mm；三角形内应填充淡黄色，色号 SJ–06，三角形边框及所警告行为图标应为黑色，色号 SJ–20。文字辅助标志的基本形式应为矩形边框，宽 300mm、高 80mm；矩形边框上边缘距警告标识牌下边缘 40mm，距标识牌左右两侧边缘各 50mm，矩形边框内应填充淡黄色，色号 SJ–06；文字应为黑色，色号 SJ–20，字高 50mm，横向居中布置（图 3.11）。

图 3.11 警告标识

指令标识的基本形式应为圆形，直径 300mm；标志外边缘应距标识牌上边缘 40mm，距左右两侧边缘各 50mm；圆形内应填充蓝色，色号 SJ–13；指令行为图标应为白色，色号 SJ–23。文字辅助标志的基本形式应为矩形边框，宽 300mm、高 80mm；矩形边框上边缘距指令标识牌下边缘 40mm，距标识牌左右两侧边缘各 50mm，矩形边框内应填充蓝色，色号 SJ–13；文字应为白色，色号 SJ–23，字高 50mm，横向居中布置（图 3.12）。

HSE 联合标识牌在多个安全标志在一起设置时，应按警告、禁止、指令、提示等类型的顺序，先左后右、先上后下排列。两联排 HSE 标识牌宽度宜为 750mm。三联排 HSE 标识牌宽度宜为 1100mm。四联排 HSE 标识牌宽度宜为 1450mm。单块标识牌不宜超过四个标志，须同时设置四个以上标志时，可采用多行组合方式设置（图 3.13 至图 3.15 和表 3.15）。

图 3.12　指令标识

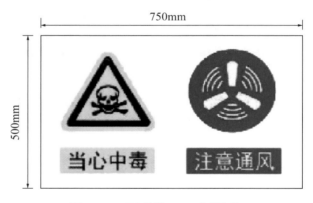

图 3.13　两联排 HSE 标识牌

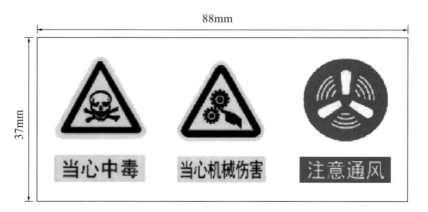

图 3.14　三联排 HSE 标识牌

图 3.15　四联排 HSE 标识牌

表 3.15　HSE 标识牌规范

要素	具体内容	备注
对象	HSE 标识牌（警告、禁止、指令、提示）	—
位置	设置在合适的位置	—
内容	HSE 标识牌应在危险、危害因素识别的基础上，按照国家法律、法规和相关规范的规定，并结合油气田站场生产实际进行设置，满足 HSE 安全生产管理要求。HSE 标识牌应包括警告、禁止、指令、提示和变电站安全、消防安全、环境信息等标识牌	—
规格	标识牌的尺寸应根据观察距离确定，宽度宜为 400mm，高度宜为 500mm	—
材质	标识牌宜采用铝板制作，厚度不宜小于 1.5mm，底色应为白色，色号 SJ-23。标识牌底色、HSE 标志及文字辅助标志可喷涂氟碳漆或粘贴反光膜	—
执行标准	《×××公司油气田站场目视化设计规定》	第 39 页，7.5
	《石油天然气生产专用安全标志》（SY 6355—2010）和《安全标志及其使用导则》（GB 2894—2008）	全部

（8）逃生指示。

①安全出口标识牌。

安全出口标识牌规范见表 3.16。

表 3.16　安全出口标识牌规范

要素	具体内容	备注
对象	安全出口指示牌	—
位置	室内位置：实验楼逃生通道旁墙面低处； 室外位置：挂在离地面 1.5m 的位置处	—

要素	具体内容	备注
内容	在实验楼逃生通道旁墙面低处设置逃生指示	—
规格	150mm×320mm	—
材质	亚克力	—
执行标准	—	—

②紧急出口标识牌。

紧急出口标识牌规范见表 3.17。

表 3.17　紧急出口标识牌规范

要素	具体内容	备注
对象	紧急出口标识牌	—
位置	紧急出口右侧合适位置，标识下边缘距离地面 1600mm	—
内容	明确逃生出口，进行醒目标识	—
规格	400mm×320mm	—
材质	不锈钢折盒，表面贴 3M 钻石反光膜	—
执行标准	—	—

（9）安全通道标识牌。

安全通道标识牌规范见表 3.18。

表 3.18　安全通道标识牌规范

要素	具体内容	备注
对象	安全通道标识牌	—
位置	立在安全通道适合的位置或粘贴在地面上	—
内容	绿底白字，在实验室的安全通道上摆放安全通道指示牌，标识应清楚、明显、合理，便于识别	—
规格	300mm×140mm	—
材质	夜光磨砂 PVC	—
执行标准	《安全目视化管理导则》（Q/SY 1643—2013）	—

（10）消防目视化。

①消防栓。

消防栓使用方法如图 3.16 所示，消防栓规范见表 3.19。

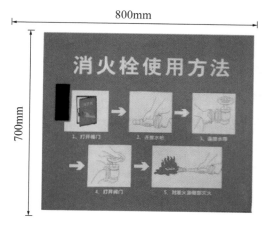

图 3.16　消防栓

表 3.19　消防栓规范

要素	具体内容	备注
对象	实验区内所有的消防栓	—
位置	实验楼走廊及需要安装的区域	—
内容	"实验室"标识和消火栓的使用图示	—
规格	800mm × 700mm	—
材质	3M 反光贴膜	—
执行标准	—	—

②灭火器。

灭火器箱标识如图 3.17 所示，灭火器箱标识规范见表 3.20。

图 3.17　灭火器箱标识

表 3.20　灭火器箱标识规范

要素	具体内容	备注
对象	实验区内所有的灭火器	—
位置	实验楼走廊及需要安装的区域	—
内容	灭火器下方设置管理线，灭火器箱正面设置"灭火器箱"和"火警119"标识	—
规格	宽度 80mm，长度根据现场实际情况确定	—
材质	3M 反光膜	—
执行标准	《安全目视化管理导则》（Q/SY 1643—2013）	—

灭火器标识如图 3.18 所示，灭火器标识规范见表 3.21。

图 3.18　灭火器标识

表 3.21　灭火器标识规范

要素	具体内容	备注
对象	实验区内所有的灭火器	—
位置	粘贴在灭火器摆放处，墙面上	—
内容	灭火器下方设置管理线。靠近墙面正上方设红底白图的标识	—
规格	100mm × 100mm	—
材质	3M 反光贴膜	—
执行标准	《安全目视化管理导则》（Q/SY 1643—2013）	—

火警报警按钮标识如图 3.19 所示，火警报警按钮标识规范见表 3.22。

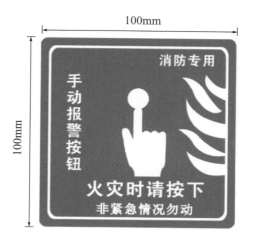

图 3.19 火警报警按钮标识

表 3.22 火警报警按钮标识规范

要素	具体内容	备注
对象	火警按钮标识	—
位置	粘贴在火警报警器上方 10mm 处	—
内容	"火灾时请按下"等内容	—
规格	100mm × 100mm	—
材质	亚克力	—
执行标准	《安全目视化管理导则》（Q/SY 1643—2013）	—

③防火门标识。

防火门标识如图 3.20 所示，防火门标识规范见表 3.23。

图 3.20 防火门标识

表 3.23 防火门标识规范

要素	具体内容	备注
对象	防火门标识	—
位置	粘贴在防火门上（标识底部距地面 1.6m）	—
内容	红底白字，"防火门请保持关闭"	—
规格	400mm×100mm	—
材质	3M 反光贴膜	—
执行标准	—	—

（11）气瓶管理。

① 主要气瓶颜色及色环标识规范见表 3.24。

表 3.24 主要气瓶颜色及标识

序号	气瓶名称	气瓶颜色	颜色图示
1	氧气	天蓝色黑字	氧气
2	氦气	棕色白字	氦气
3	氮气	黑色黄字	氮气
4	氢气	深绿色红字	氢气
5	空气	黑色白字	空气

②气瓶使用状态标识如图 3.21 所示，气瓶使用状态标识规范见表 3.25。

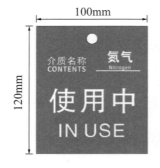

图 3.21 气瓶使用状态标识

表 3.25　气瓶使用状态标识规范

要素	具体内容	备注
对象	气瓶的使用状态标识	—
位置	气瓶瓶身上	—
内容	气瓶在存放或者使用时，都应该有状态说明、标识等内容	—
规格	120mm × 100mm	—
材质	PVC 挂牌	—
执行标准	《安全目视化管理导则》（Q/SY 1643—2013）	第 8 页

③气瓶的安全标识如图 3.22 所示，气瓶的安全标识规范见表 3.26。

图 3.22　气瓶的安全标识

表 3.26　气瓶的安全标识规范

要素	具体内容	备注
对象	气瓶的安全标识	—
位置	放置气瓶处	—
内容	"注意安全""非工作人员禁止进入""禁止烟火"等安全标识	—
规格	880mm × 400mm	—
材质	铝板（或钢板）或 PVC 雪弗板覆反光膜	—
执行标准	—	—

（12）废弃物标识。

①废液区标识如图 3.23 所示，废液区标识规范见表 3.27。

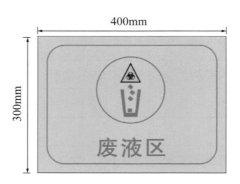

图 3.23　废液区标识

表 3.27　废液区标识规范

要素	具体内容	备注
对象	废液区标识	—
位置	废液指定存放区域，用警示线划分	—
内容	废液放置在指定位置，统一回收，废液标识醒目	—
规格	400mm×300mm	—
材质	3M 反光贴膜	—
执行标准	—	—

②废液标签规范见表 3.28。

表 3.28　废液标签规范

要素	具体内容	备注
对象	废液标签	—
位置	粘贴在盛装废液的容器上	—
内容	"废液名称""规格""主要成分""责任人"等内容	—
规格	100mm×80mm	—
材质	不干胶贴纸	—
执行标准	—	—

③废液桶标识规范见表 3.29。

表3.29 废液桶标识规范

要素	具体内容	备注
对象	废液桶标识	—
位置	粘贴在盛装废液的容器上	—
内容	黄底黑字"废液桶"标识	—
规格	300mm×100mm	—
材质	反光贴纸	—
执行标准	—	—

④固体废弃物标识如图3.24所示，固体废弃物标识规范见表3.30。

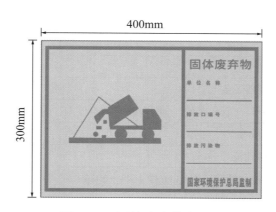

图3.24 固体废弃物标识

表3.30 固体废弃物标识规范

要素	具体内容	备注
对象	固体废弃物标识	—
位置	固体废弃物的指定区域	—
内容	绿底白图，单位，编号，污染物种类等内容	—
规格	400mm×300mm	—
材质	主体塑料材质，表面3M反光膜	—
执行标准	—	—

（13）仪器设备管理。

①设备管理卡如图3.25所示，设备管理卡规范见表3.31。

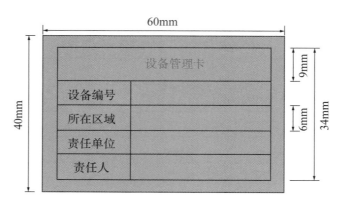

图 3.25　设备管理卡

表 3.31　设备管理卡规范

要素	具体内容	备注
对象	设备管理卡	—
位置	粘贴在仪器设备上	—
内容	"设备编号""所在区域""责任单位""责任人"内容	—
规格	60mm × 40mm	—
材质	金属带磁性板	—
执行标准	《安全目视化管理导则》（Q/SY 1643—2013）	—

②仪器设备合格、校准状态标识规范见表 3.32。

表 3.32　仪器设备合格、校准状态标识规范

要素	具体内容	备注
对象	实验室内检测合格及校准过的仪器设备	—
位置	粘贴在仪器设备上：①压力表合格证贴于表盘背面正下方。②压力（差压）变送器合格证贴于变送器显示屏正下方。③温度铂电阻合格证贴于铠装金属外壳上。④智能流量计合格证贴于显示屏正下方	—
内容	在实验室设备旁放置仪器设备状态合格证或校准证。（按第三方检测机构的检测要求及格式标准）	—
规格	—	按第三方检测机构标准
材质	—	
执行标准	—	

③仪器设备使用状态标识规范见表 3.33。

表 3.33   仪器设备使用状态标识规范

要素	具体内容	备注
对象	仪器设备状态标识牌	—
位置	粘贴在仪器设备前方左上角处	—
内容	仪器设备合格、在用、停用状态。（合格、在用标识底色应为艳绿色，色号 SJ-10，文字应为白色，色号 SJ-23；停用标识底色应为大红色，色号 SJ-01，文字应为白色，色号 SJ-23）	—
规格	90mm×55mm	—
材质	PVC+ 亚克力盒子	—
执行标准	—	

④管道设施颜色标识规范见表 3.34。

表 3.34   管道设施颜色标识规范

要素	具体内容	备注
对象	实验室管道	—
位置	将国家标准气体的颜色刷在对应的管道上	—
内容	在管线上涂上不同的颜色，并在管道上用红色箭头标识流体流向	—
规格	气体对应的颜色（氮气的放空管道上涂中黄色，空气的放空管道上涂淡灰色）	—
材质	反光漆	—
执行标准	《石油化工管道安全标志色管理规范》（Q/SY 134—2012）	—

（14）洗眼器标识。

洗眼器标识如图 3.26 所示，洗眼器标识规范见表 3.35。

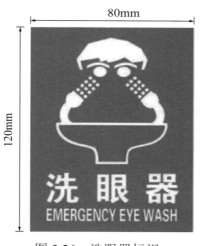

图 3.26   洗眼器标识

表 3.35　洗眼器标识规范

要素	具体内容	备注
对象	洗眼器标识	—
位置	洗眼器设置点	—
内容	绿底白字，中英文的"洗眼器"字样，白色的洗眼图识	—
规格	120mm×80mm	—
材质	防水贴膜	—
执行标准	《工作场所职业卫生监督管理规定》（国家安全生产监督管理总局令 第 47 号）	—

（15）操作目视化。

操作目视化规范见表 3.36。

表 3.36　操作目视化规范

要素	具体内容	备注
对象	危害识别及防控措施；操作规程；系统流程图	—
位置	实验室墙上醒目位置。设置的高度，尽量与人眼的视线高度相一致，悬挂式和柱式的环境信息警示标识的下缘距地面的高度不宜小于 2m；局部信息警示标识的设置高度视具体情况确定。设在与职业病危险工作场所有关的醒目位置，并有足够的时间来注意它所表示的内容。不设在门、窗等可移动的物体上。警示标识前不得放置妨碍认读的障碍物	—
内容	依次为：风险控制措施、操作规程、工艺流程图	—
规格	700mm×500mm	—
材质	亚克力 + 喷绘	—
执行标准	—	—

（16）电气设备设施。

①配电箱及配电盒标识规范见表 3.37。

表 3.37　配电箱及配电盒标识规范

要素	具体内容	备注
对象	配电箱及配电盒标识	—
位置	配电箱内容：蓝底白字"配电箱""责任人""联系电话"；配电盒内容：蓝底白字"配电盒"，标识平贴在配电箱上	—
内容	配电箱名字和警示标识	—

要素	具体内容	备注
规格	配电箱尺寸：240mm×120mm；配电盒尺寸：55mm×35mm	—
材质	3M 反光贴膜	—
执行标准	《安全目视化管理导则》（Q/SY 1643—2013）	—

②空气开关标识规范见表 3.38。

表 3.38　空气开关标识规范

要素	具体内容	备注
对象	配电箱开关	—
位置	开关下面	—
内容	根据实际情况，对不同的开关控制的区域、设备进行标识	—
规格	35mm×15mm	—
材质	3M 反光贴膜	—
执行标准	《安全目视化管理导则》（Q/SY 1643—2013）	—

4 固井实验室 QHSE 管理

4.1 责任落实

4.1.1 QHSE 责任体系建设

4.1.1.1 工作内容
QHSE 责任体系建设流程如图 4.1 所示。

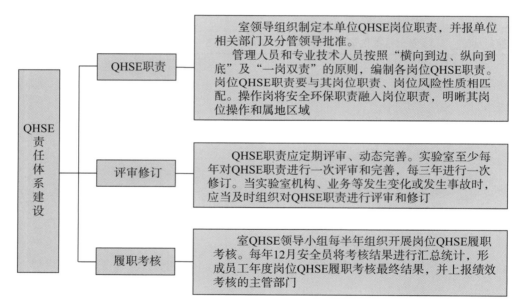

图 4.1 QHSE 责任体系建设流程图

4.1.1.2 管理制度
管理制度见表 4.1。

4.1.1.3 基础资料台账
基础资料台账见表 4.2。

表 4.1 管理制度

序号	分类	制度名称
1	管理制度	××××公司员工安全环保履职考核管理办法
2	管理制度	××××公司全员绩效考核实施细则
3	管理制度	固井实验室变动薪酬考核实施细则

表 4.2 基础资料台账

序号	资料台账	保存形式	保存期限
1	QHSE 职责	电子版 / 纸质版	三年
2	员工岗位说明书	电子版 / 纸质版	三年
3	岗位员工 QHSE 责任书	电子版 / 纸质版	一年

4.1.2 属地管理

室领导对办公室、实验室等属地进行划分。属地的划分以工作区域为主，以岗位为依据，把工作区域、设备设施及工器具细化到岗位个人身上，确保属地划分清晰、不能留死角。岗位管辖属地发生变化时，应及时组织重新进行属地划分，如图 4.2 所示。

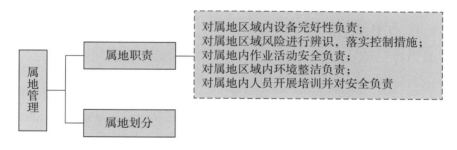

图 4.2 属地管理流程图

4.1.3 目标指标管理

4.1.3.1 工作内容

每年初，室领导组织将实验室 QHSE 目标指标逐级分解至各岗位，并编制、签订 QHSE 责任书。定期开展 QHSE 绩效考核，每半年考核一次。

4.1.3.2 管理制度

管理制度见表 4.3。

表 4.3　管理制度

序号	分类	制度名称
1	管理制度	××××公司员工安全环保履职考核管理办法
2	管理制度	××××公司 QHSE 绩效考核管理办法
3	管理制度	××××公司全员绩效考核实施细则

4.1.3.3 基础资料台账

基础资料台账见表 4.4。

表 4.4　基础资料台账

序号	资料台账	保存形式	保存期限
1	固井实验室 QHSE 责任书	纸质版	一年
2	岗位员工 QHSE 责任书	纸质版	一年
3	岗位 QHSE 履职考核表	电子版 / 纸质版	三年

4.2　能力培训

4.2.1　员工能力评估

4.2.1.1　工作内容

员工能力评估流程如图 4.3 所示。

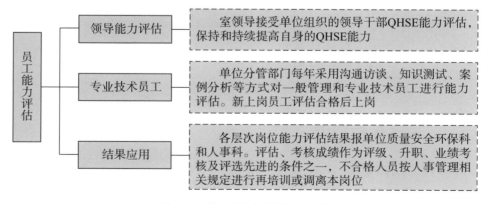

图 4.3　员工能力评估流程图

4.2.1.2　管理制度

管理制度见表 4.5。

表 4.5　管理制度

序号	分类	制度名称
1	管理制度	××××公司领导干部 HSE 履职能力评估管理办法
2	管理制度	××××公司全员绩效考核实施细则
3	程序文件	人员管理与培训程序

4.2.1.3　基础资料台账

基础资料台账见表 4.6。

表 4.6　基础资料台账

序号	资料台账	保存形式	保存期限
1	员工岗位说明书	电子版 / 纸质版	三年
2	××××公司仪器、仪表操作证	纸质版	三年
3	岗位能力评估资料	电子版 / 纸质版	三年

4.2.2　培训

4.2.2.1　工作内容

培训流程如图 4.4 所示。

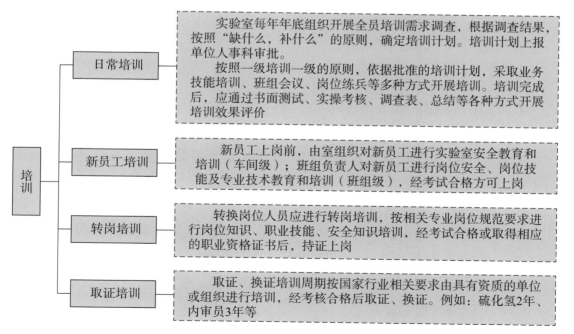

图 4.4　培训流程图

4.2.2.2 管理制度

管理制度见表 4.7。

表 4.7 管理制度

序号	分类	制度名称
1	管理制度	××××公司 HSE 培训管理实施细则
2	管理制度	××××公司全员绩效考核实施细则
3	程序文件	人员管理与培训程序

4.2.2.3 基础资料台账

基础资料台账见表 4.8。

表 4.8 基础资料台账

序号	资料台账	保存形式	保存期限
1	岗位技能与培训需求矩阵	纸质版/电子版	一年
2	培训计划	纸质版/电子版	一年
3	员工培训签到表	纸质版	一年
4	培训考核统计表	纸质版/电子版	一年

4.3 科研生产

4.3.1 科研项目管理

4.3.1.1 工作内容

（1）开题立项申报。

实验室依据科技发展规划及生产需求提出攻关目标，组织人员进行科研项目申报，填写科技项目申报表，编写技术调研报告。

（2）科研项目申报表评审。

实验室分管领导组织对科技项目申报表和技术调研报告进行审查（包括形式审查），对科技项目申报表和技术调研报告进行技术和质量把关，确定推荐项目。修改完善的项目申报资料统一上报科研管理科。

（3）开题设计报告评审。

根据审批下达的项目建议计划，由实验室组织编制开题设计报告。实验室分管领导组织对开题设计报告和汇报多媒体进行审查，审查开题必要性论证是否充分，研究目标、内容、技术路线与考核指标设置和经费预算等是否合理。修改完善后的开题设计报告和汇报多媒体统一上报科研管理科，并参加由科技管理部门组织的开题设计论证会。推广应用项目和现场试验项目还应按照要求编制科技项目实施风险管理与 HSE 预案。对已通过开题审查的科研项目，实验室根据下达费用编制科研经费预算，完善开题设计报告并提交审批。

（4）科研开发控制。

项目经理按开题设计报告组织项目研究人员进行项目方案策划和分工实施，记录项目史。实验室每季度召开一次科研分析会，对承担的项目进行全覆盖审查。

（5）科研开发预期输出评审。

①科研项目中评估报告的评审。实验室在接到科技管理部门的中评估通知时，组织项目组编写中评估报告和汇报多媒体，实验室分管领导组织进行技术把关和质量审查，项目组按照审查意见修改后提交科研管理科。

②技术秘密认定的输出评审。实验室分管领导组织对技术秘密认定书进行技术把关和质量审查，审查项目的创新性和独占性，指导提炼核心技术，并出具审查意见，确认核心技术和涉密人。修改完善后的技术秘密认定书提交科研管理科。

③专利、论文、专著等申报的输出评审。实验室分管领导组织对专利、论文、专著等申报相关文件进行技术把关和质量审查，审查专利项目的新颖性。项目组按照审查意见修改完善，并提交科研管理科审查。

（6）项目过程的更改控制。

对重要的更改（改变项目经理、研究目标、研究内容、计划进度、工艺流程和研究方案、预算），由项目经理填写科研项目更改申请，在项目结题日期之前至少提前 4 个月向科研管理科提交书面申请，经科技管理部门批复后实施。

（7）验收评审。

科技项目完成后，项目组应根据各级科技项目验收文本格式要求编写项目成果报告和相应报表，实验室分管领导组织对项目验收资料进行技术把关和质量审查，重点审查项目技术报告、汇报多媒体和验收评价报告。审查通过的项目研究成果报告，需附上科技成果报告送审单、修改情况说明、初稿评审及出版印刷会签单一并报送科研管理科。项目通过验收评审后，项目组要按照专家会审意见做好材料的修改完善，完成验收评价报告并及时进行项目成果归档。

（8）对外委托项目管理。

实验室如需开展外协或内部协作，应在项目开题设计中设置相应的研究内容、考核指标，并且所需的协作费用须列入经费预算。实验室对外协作或内部协作项目实施过程管理。外委单位的选定需实施选商程序。

外委项目完成后，实验室组织对外委方提交的技术报告和汇报材料进行审查，确认外委方修改完成后向科研管理科书面提交外协项目验收申请单。外委项目验收通过后，项目组将外协项目成果报告和依托项目一起提交归档。

4.3.1.2 管理制度

管理制度见表4.9。

表 4.9　管理制度

序号	分类	制度名称
1	管理制度	××××公司科学研究与技术开发项目管理实施细则
2	管理制度	固井实验室实验工作管理办法

4.3.1.3 基础资料台账

基础资料台账见表4.10。

表 4.10　基础资料台账

序号	资料台账	保存形式	保存期限
1	科研项目申报表	电子版/纸质版	长期
2	开题报告	电子版/纸质版	长期
3	中评估报告	电子版/纸质版	长期
4	验收评价报告	电子版/纸质版	长期
5	项目史	纸质版	长期
6	科研项目更改记录	电子版/纸质版	五年
7	项目成果报告	电子版	五年
8	科研分析会总结	电子版/纸质版	五年

4.3.2　室内检测评价管理

4.3.2.1　工作内容

室内检测评价管理流程如图 4.5 所示。

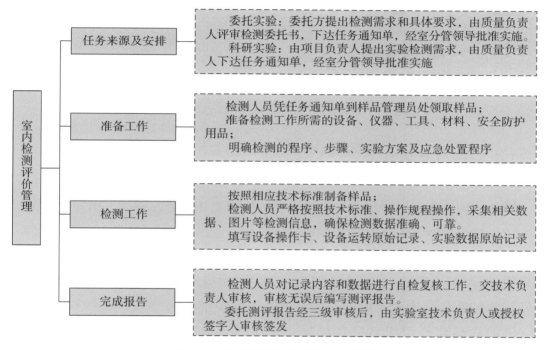

图 4.5　室内检测评价管理流程图

4.3.2.2　管理制度

管理制度见表 4.11。

表 4.11　管理制度

序号	分类	制度名称
1	管理制度	××××公司实验室运行管理办法
2	程序文件	结果报告管理程序

4.3.2.3　基础资料台账

基础资料台账见表 4.12。

表 4.12　基础资料台账

序号	资料台账	保存形式	保存期限
1	收样记录	电子版 / 纸质版	六年
2	发样记录	电子版 / 纸质版	六年
3	测评报告	电子版 / 纸质版	六年
4	检测委托书	电子版 / 纸质版	六年
5	检测任务通知单	电子版 / 纸质版	六年
6	报告收发登记表	纸质版	六年
7	设备运转原始记录	纸质版	六年

4.3.3　样品管理

4.3.3.1　工作内容

（1）样品的接收。

样品管理员应根据质量负责人评审后的检测委托书接收样品，填写收样记录。

（2）样品的标识。

样品标识分为两类，一类是唯一性标识，另一类是状态标识。样品编号统一采取"年份＋批次＋序号"的方法，其中，"年份"用四位数表示，"批次、序号"各用两位数表示，以确保样品的唯一性识别。

已检样品和待检样品分开存放，并在样品标签上用"待检""在检""检毕""留样"来进行状态标识。

（3）样品的流转。

检测员凭检测任务单在样品管理员处领出样品，并在发样单上签字确认。检测人员应对制备、测试和传递过程中的样品加以防护。样品的流转应有记录进行控制。

样品检测后，检测人员将制备样（如果有）、留样（如果有）连同原始记录、分析检测报告和报告电子文档一并交组长。组长审核无误后，将制备样和留样交样品管理员，并做好记录。

（4）样品的储存。

应有专门的样品储存场所，样品室由样品管理员负责，房间应限制人员出入。样品室配备相应设施，符合《设施与环境条件控制和维护程序》。样品应分类储存，避免混淆。对储存有特定要求的样品，应严格控制环境条件，管理人员应按规范要求调整检查并做好监控和记录。

（5）样品的处置。

样品分析检测后，按照客户要求保存到指定日期；没有要求的，检测样品留样期为 20 个工作日，不得少于报告申诉期（15 个工作日），报请室领导批准，将样品妥善处理，并填写留样处置记录。

（6）样品的保密。

按委托方要求和《保护客户机密信息和所有权程序》的规定，对客户的样品和有关资料信息予以保密。与检测无关的其他人员均不得查看样品。对客户提出的特殊保密要求，各岗位人员按相应的保密措施控制实施。

4.3.3.2　管理制度

管理制度见表 4.13。

表 4.13　管理制度

序号	分类	制度名称
1	管理制度	××××公司实验室运行管理办法
2	程序文件	样品接收、处置和管理程序

4.3.3.3　基础资料台账

基础资料台账表见 4.14。

表 4.14　基础资料台账

序号	资料台账	保存形式	保存期限
1	收样记录	电子版/纸质版	六年
2	发样记录	电子版/纸质版	六年
3	回收样记录	电子版/纸质版	六年
4	样品明细账	电子版/纸质版	六年
5	测评报告	电子版/纸质版	六年
6	检测任务通知单	电子版/纸质版	六年

4.3.4　标准物质管理

4.3.4.1　工作内容

（1）标准物质采购。

实验室设备管理员制订标准物质的采购计划，经室领导审批后报单位生产运行科进行采购。

（2）标准物质验收。

所购买的标准物质必须有国家颁发的生产许可证、产品检验证书及编号。

（3）标准物质领用。

使用人根据实际需要到设备管理员处领取标准物质，并在标准物质领用记录表上登记，记录领用数量、剩余数量、领用人员、领用日期等。

（4）标准物质保管。

标准物质要安全处置、运输、存储和使用，确保其完整性，实验室应对标准物质存放的环境条件进行记录。设备管理员负责标准物质及证书的管理。

实验检测人员保存所购标准物质证书的复印件。质量负责人对标准物质的使用情况进行监督检查。

实验室对标准物质的状态标识实行三色标志管理：

①合格标志（绿色）：有证标准物质且在有效期内。

②准用标志（黄色）：参考物质或工作标准且在有效期内。

③停用标志（红色）：有效期外或期间核查不符合。

4.3.4.2　管理制度

管理制度见表4.15。

表 4.15　管理制度

序号	分类	制度名称
1	管理制度	××××公司实验室运行管理办法
2	程序文件	标准物质管理程序

4.3.4.3　基础资料台账

基础资料台账见表4.16。

表 4.16　基础资料台账

序号	资料台账	保存形式	保存期限
1	标准物质一览表	电子版/纸质版	六年
2	标准物质领用记录表	电子版/纸质版	六年

4.3.5　实验室设备管理

实验室设备管理执行仪器设备和设施控制程序。××××公司负责配置从事检测活动所必需的检测设备设施，实验室设备分管领导、设备管理员负责本单位的设备使用、维护保养和维修等管理工作。设备前期调研和论证由单位相关主管科室组织开展。

4.3.5.1　工作内容

（1）设备购置。

实验室根据科研项目及实验检测的需要进行设备前期调研。

（2）设备验收与安装调试。

设备到货后，设备管理员和设备使用人参与单位组织的设备验收工作，如有缺件、损坏、质量不合格等问题，上报单位采购部门。大型设备安装前，应先根据厂家提供的使用说明书、总安装图及各部件安装图，对配套设施进行确定。

设备使用人与厂家按技术协议对各项技术指标逐项调试，出具安装调试报告。对调试过程中存在的问题进行现场处理，不能现场处理的由调试人员向室领导汇报，确定处理办法和时间节点，保证安装调试结束后设备能正常投入使用。验收报告报采购部门。质量保证期内发现质量问题，报采购部门按规定向厂商联系包修、包换、包退或质量索赔。设备试运行后，将设备随机使用说明书、总安装图、安装竣工资料、试运转记录、附件清单等技术资料、附件、工具清点造册，应建立完整的技术档案存档。

（3）设备使用管理。

①一般设备。

新设备使用前，组织有关人员进行培训，学习掌握设备的结构、技术性能、安全要求、工艺生产要求和巡检注意事项等内容，确保设备正确使用。建立设备操作规程、维护保养制度，做好设备运行档案。明确操作规程和操作卡，针对使用中存在操作缺陷的设备的操作规程和操作卡开展工作循环分析（JCA）。

②关键设备。

新设备投入运行前，开展启动前安全检查（PSSR），成立 PSSR 小组，编制针对性的 PSSR 检查清单，依据审核清单实施检查，明确待改项和必改项。所有必改项已经整改完成及所有待改项已经落实监控措施、跟踪人和整改计划后，才能投入使用。

③气瓶。

气瓶领用人到行政事务中心领用合格的气瓶后进行挂牌管理。安全员每月对全室在用气瓶的使用状况进行一次监督检查，检查气瓶是否存在违章使用和安全隐患并做好记录，及时将相关情况上报室领导。实验室严格按照相关要求使用气瓶，运送气瓶应使用专用气瓶推车，轻拿轻放以防受到剧烈震动、碰撞和冲击。气瓶中的气体用完后，及时交还行政事务中心。

（4）设备开放共享管理。

外部单位到实验室开展实验室操作，相关设备责任人需要对外来操作人员进行设备操作安全风险识别、操作规程、设备流程、维护保养及属地管理制度的培训，并且签订《设备使用协议》，明确双方权利和责任。

（5）设备维护保养。

设备的操作维护要按厂家提供的"设备使用、维护说明书"进行，或者按厂家提供的依据制定操作及维护规程。

日常维护：每周对设备进行通电检查，清扫和擦拭，填写相关记录。发现异常及时处理。

定期维护：纳入设备维保计划，操作人员按维保计划完成相关保养工作。

对大型设备的日常维护保养，认真贯彻十字作业法，即"清洁、润滑、紧固、调整、防腐"。制订每台设备的维保计划，设备操作人员要负责定期对设备进行例行保养。

（6）设备报废。

设备管理人员组织填报固定资产报废鉴定表报资产部门，并由单位设备管理部门组织有关技术人员进行鉴定，大型精密设备的报废须经单位设备管理委员会审查批准，属固定资产的按资产管理有关规定办理。

（7）设备信息录入。

实验室设备管理员于每月前 5 个工作日完成上月设备运转记录在 ERP 系统中的录入，对设备变化情况认真核对，及时在 ERP 系统中新增或删除，完善相关数据信息。

（8）设备事故管理。

设备事故的分类、设备事故性质划分、事故报告、设备事故处置按照《××××公司设备管理实施细则》执行。

（9）检查与考核。

设备管理员开展设备检查，对查出的问题分析原因、认真整改、按时关闭。设备管理纳入绩效考核，明确考核指标和考核内容，考核结果与绩效奖罚兑现。

4.3.5.2 管理制度

管理制度见表 4.17。

表 4.17 管理制度

序号	分类	制度名称
1	管理制度	××××公司设备管理办法
2	管理制度	××××公司特种设备管理办法
3	管理制度	××××公司实验室运行管理办法
4	管理制度	××××公司设备管理实施细则
5	管理制度	固井实验室设备管理制度

4.3.5.3 基础资料台账

基础资料台账见表 4.18。

表 4.18 基础资料台账

序号	资料台账	保存形式	保存期限
1	设备台账	电子版	六年
2	设备技术档案	电子版／纸质版	长期
3	设备运转记录、维护保养记录	纸质版	六年
4	安装调试报告	纸质版	六年
5	固定资产报废鉴定表	电子版／纸质版	六年
6	实验室安全、隐患与环境检查表	电子版／纸质版	六年
7	气瓶台账	纸质版	三年
8	设备培训确认书	纸质版	三年
9	设备使用协议	纸质版	三年

4.3.6 计量器具管理

4.3.6.1 工作内容

计量器具管理流程如图 4.6 所示。

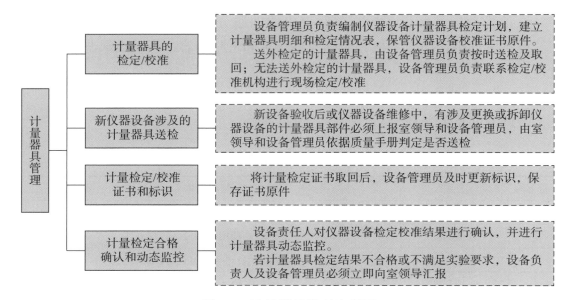

图 4.6 计量器具管理流程图

4.3.6.2 管理制度

管理制度见表 4.19。

表 4.19 管理制度

序号	分类	制度名称
1	管理制度	××××公司计量管理实施细则
2	管理制度	××××公司实验室运行管理办法

4.3.6.3 基础资料台账

基础资料台账见表 4.20。

表 4.20 基础资料台账

序号	资料台账	保存形式	保存期限
1	计量器具检定 / 校准计划	电子版	六年
2	计量器具检定 / 校准台账	电子版	六年

4.3.7 实验室工作环境管理

4.3.7.1 工作内容

仪器设备负责人根据检测标准、规范等技术文件，对影响检测的环境因素（如温度、湿度、通风、噪声、振动、防尘等）提出控制要求，交质量负责人审核并经技术负责人批准后，由设备管理员组织实施。

（1）环境条件要求。

① 实验室要有固定的工作场所，管理体系应覆盖实验室固定设施内的场所，以及移动实验室中进行的检测工作。

② 实验室的布局应合理，按检测项目特点采取有效隔离措施，防止相邻工作区间交叉影响，同时应充分考虑实验室能源、采光、通风的要求，测试区域应与办公场所分离。

③ 实验室环境条件必须能满足测试需要及仪器设备使用维护的要求。标准溶液和标准物质的储存应满足相应要求。根据检测项目的需求，在相应房间配置空调、安放干湿温度计，以对环境温度、湿度进行有效监控，并填写《检测环境条件记录表》。

④ 检测用消耗性材料的储存对环境条件有要求时，应有措施予以满足，避免耗材的损坏和变质。样品应存放在干燥、洁净、通风、阴凉、避光的环境中。

⑤ 凡涉及酸碱盐及粉尘的房间和实验装置，须配备合适的排风系统，以保证检测质量和检测人员健康，且排放废液应符合环保要求。

⑥ 制浆室应保持清洁、整齐，室内不得存放对样品可能造成污染的挥发性化学试剂。

⑦ 实验室应配有灭火器、急救箱、护目镜等与检测范围相适应的安全防护设施。

⑧实验室对废液、废物进行收集，报单位指定机构处理。

（2）工作环境异常处置。

若环境条件不符合要求，实验人员立即报告室领导，组织相关人员查找原因，提出整改措施，使其达到标准、规范的要求。

（3）工作环境相关设施维护。

各仪器所在区域的属地负责人负责室内空调（非中央空调）、除湿器等各种保证环境条件设施的日常维护,定期检查设施完好性和环境条件的符合性。

(4)实验室的清洁卫生要求。

①实验场所必须保持清洁、整齐、安静,禁止随地吐痰、禁止抽烟、禁止饮食,禁止将与检测无关的物品带入实验室。

②仪器、设备的零配件要妥善保管,连接线、常用的工具应排列整齐,说明书、操作手册和仪器运转记录等须按实验室规定摆放保管。

③下班时及节假日期间,必须关好水、气、电开关,并关好门窗。

④未经许可,非实验室人员不得入内。

4.3.7.2 管理制度

管理制度见表4.21。

表 4.21 管理制度

序号	分类	制度名称
1	管理制度	××××公司实验室运行管理办法
2	程序文件	设施与环境条件控制和维护程序

4.3.7.3 基础资料台账

基础资料台账见表4.22。

表 4.22 基础资料台账

序号	资料台账	保存形式	保存期限
1	检测环境条件记录表	纸质版	六年
2	废液登记表	纸质版	三年

4.3.8 现场技术服务

4.3.8.1 工作内容

(1)任务来源。

办公室负责接收生产运行科下达的现场技术服务任务。

(2)任务安排。

接到任务后,班组长初步拟定任务安排计划,经室分管领导安全风险提示和审批后,现场技术服务小组赴现场进行技术服务。

（3）准备工作。

现场技术服务人员出发前，应做好充分的准备工作：

① 熟悉服务内容、要求。

② 准备现场技术服务所需的设备、仪器、工具、材料、安全防护设施、用品和文件，确保齐全、完好、适用、够用。

③ 明确现场技术服务的程序、步骤、时间节点安排和重点工作，必要时制订工作计划或现场技术服务方案。

④ 开展工作前，应识别本次服务项目可能存在的风险，包括途中的道路交通风险，熟悉和了解可能发生突发事件的风险控制措施。必要时组织开展工作前安全分析，以有效控制风险。

（4）进入现场。

① 按规定穿戴劳保，并接受属地方安全教育。

② 遵守现场的各项规章、纪律和安全管理规定。

③ 未经许可不得触动与现场服务活动无关的设备、装置和器物。

（5）现场服务。

① 技术服务人员做好资料的收集，严格按照技术标准、检测操作规程操作设备、仪器，确保检测数据准确、可靠。

② 与委托方人员和相关单位保持及时、有效的沟通，确保工作顺利开展。

③ 现场技术服务项目涉及承包商时，技术服务人员应对承包商进行有效管理，确保按进度检测。

④ 现场服务带队人员每日及时向实验室及生产运行科汇报工作情况。

（6）完工确认。

技术服务人员收集整理技术资料，及时向委托方提供检测结果，按委托方要求填写工作量确认单，并做好服务质量的跟踪工作。

4.3.8.2 管理制度

管理制度见表 4.23。

表 4.23 管理制度

序号	分类	制度名称
1	管理制度	××××公司实验室运行管理办法
2	管理制度	××××公司设备管理实施细则

4.3.8.3　基础资料台账

基础资料台账见表4.24。

表 4.24　基础资料台账

序号	资料台账	保存形式	保存期限
1	现场技术服务委托书	电子版 / 纸质版	六年
2	固井水泥浆现场质量检测安全风险提示	纸质版	六年

4.3.9　质量控制

4.3.9.1　工作内容

（1）质量目标。

固井实验室的总体质量目标是：检测结果准确率100%；报告及时率100%；客户满意率99%。

（2）采购产品质量控制。

①原材料质量控制。采购的原材料必须有国家颁发的生产许可证、产品检验证书及编号，不得申购或领取无证单位生产或过期的材料。

②计量器具质量控制。采购的计量器具，经验收合格后方能接收。需要送达外部计量检测机构进行校验的，应取得检测合格证书后才能使用。

③设备、仪器的质量控制。采购或加工定制的设备仪器到货（或出厂）后，实验室合同管理员、设备管理人员、设备使用人员参与验收，重要设备的验收由公司领导组织联合验收。

④不合格品的处置。采购的原材料、计量器具、仪器设备不合格，不予验收。

（3）科研项目质量控制。

科研项目的开题报告、项目研究方案、中评估、项目验收等各个节点均有明确的质量控制要求，具体执行科研项目管理的规定。

（4）实验过程的质量控制。

实验室对实验检测的全过程进行有效的质量控制。从样品的接收、保管、处置及流转各环节按照《固井实验室质量手册》中样品管理要求进行质量控制。对实验检测设备维护保养、计量器具的检定校准、实验检测的环境条件按照《固井实验室质量手册》中相关要求进行质量控制。对实验检测人员应进行必要的培训，以保证其具备相应的能力。

4.3.9.2　管理制度

管理制度见表 4.25。

表 4.25　管理制度

序号	分类	制度名称
1	管理制度	××××公司质量管理实施细则
2	程序文件	顾客满意度测评管理程序
3	程序文件	不合格品控制程序
4	程序文件	管理评审控制程序
5	程序文件	检测结果质量控制及能力验证程序
6	程序文件	结果报告管理程序
7	管理制度	固井实验室质量手册

4.3.9.3　基础资料台账

基础资料台账见表 4.26。

表 4.26　基础资料台账

序号	资料台账	保存形式	保存期限
1	质量控制计划表	电子版 / 纸质版	六年
2	实验室间比对报告	电子版 / 纸质版	六年
3	测评报告	电子版 / 纸质版	六年
4	质量事故报告单	电子版 / 纸质版	六年
5	质量事故汇总表	电子版 / 纸质版	六年

4.3.10　承包商管理

4.3.10.1　工作内容

（1）资质验证。

项目负责人对承包商的作业人员的资质进行验证，包括：项目经理资格证、安全生产从业人员资格证、特种作业操作证等，必要时还应验证相关人员的硫化氢防护证、作业许可资质。

（2）HSE培训。

施工前，由项目负责人对承包商人员就固井实验室有关QHSE标准及要求、规章制度、作业项目特点及潜在的危害因素、突发事故事件时的QHSE防范措施及应急处理程序、防护救护设施及器材的正确使用等内容进行告知或培训。

进入现场技术服务现场时，承包商人员还应接受属地单位人员对承包商进行入场、施工作业及其他QHSE要求的培训。

（3）设备及工器具检查。

入场设备和工器具检查由属地人员负责，主要查验设备和工器具规格、数量是否与合同及施工方案中的规定一致，检查施工时需用的特种设备及压力表、安全附件等是否具有国家或行业规定的检测报告或安全检验合格证。

（4）施工过程监督。

① 属地监管。按照属地管理的原则，技术人员或实验室设备管理员对照《承包商每日安全检查表》内容对承包商作业情况进行全过程监管。包括对施工（维修）质量和安全环保等方面的现场督察，确保现场施工或设备维修顺利实施。

② 及时纠正。安全监护要做到：及时发现并解决存在的问题，应将检查发现的问题通报承包商现场负责人，对发现的违章行为要立即制止和处罚并立即纠正，对发现的质量问题要求其立即整改或返工。

（5）业绩评价。

现场施工或设备维修项目完成后，项目负责人要对承包商在施工或设备维修过程中的QHSE表现进行评价，按照承包商主管部门的要求填写"承包商业绩评价表"，并报送主管部门作为对承包商业绩考核的重要内容之一。

4.3.10.2　管理制度

管理制度见表4.27。

表4.27　管理制度

序号	分类	制度名称
1	管理制度	××××公司承包商安全环保监督管理办法
2	管理制度	××××公司合同管理实施意见
3	管理制度	××××公司市场管理实施细则

4.3.10.3　基础资料台账

基础资料台账见表 4.28。

表 4.28　基础资料台账

序号	资料台账	保存形式	保存期限
1	承包商业绩评价表	纸质版	一年
2	承包商安全教育培训记录	纸质版	一年
3	承包商每日安全检查表	纸质版	一年

4.3.11　沟通协商

4.3.11.1　工作内容

（1）QHSE 会议。

实验室每月召开一次安全生产与 QHSE 会议；科研生产管理存在重大风险和突出问题时，应及时组织召开 QHSE 分析会议。会议沟通内容包括但不限于：传达上级有关安全环保要求，上月工作总结及下步安排，解决反映安全环保突出问题，月度安全环保形势分析。

通过分析查找各组在科研生产过程中存在的安全环保共性问题，找准本单位 QHSE 管理存在的短板，制定切实可行的改进目标。

（2）信息系统。

① 信息系统种类。实验室业务涉及的信息系统包括：公司设备管理系统、集团公司 HSE 信息系统、集团公司科技管理系统。

② 内容（渠道）及要求。实验室设备管理员按照公司专业处室的要求将设备动态信息及时上传至公司设备管理系统。实验室安全员按照集团公司相关要求填报 HSE 信息系统。

③ 系统维护。系统录入人员要保持与公司信息系统管理人员的沟通，及时解决系统运行过程中出现的问题。

（3）外部沟通。

① 建立沟通渠道。实验室针对不同事项，建立、明确与外部相关机构、上级部门和承包商等相关方的沟通渠道和方式，确保相关 QHSE 信息得到及时收集、反馈、处理。

② 沟通内容。在属地管理、科研生产和现场技术服务过程中，岗位员工有

责任将涉及的 QHSE 风险、防范措施及应急措施通告有关顾客、承包商等相关方。岗位员工接收的上级和外部机构的函件等信息，应及时传递、上报，以便得到妥善处置，并保持与外部相关方沟通顺畅。

（4）合理化建议。

① 协商沟通渠道。实验室建立和保持与员工沟通协商的渠道，通过座谈、征求合理化建议、职工代表提案、事件上报、隐患排查等多种方式鼓励员工积极参与 QHSE 工作。

② 信息传递与协商。各组应通过会议、文件、电话、网络、宣传栏等多种适宜的方式及时向员工传递事故、隐患、风险、应急、控制措施等 QHSE 重要信息，重大 QHSE 事项与员工协商。

③ 合理化建议征集。

a. 实验室工会每年组织员工征集关于基层站队标准化建设、生产经营、安全环保、企业文化、职工福利等各方面的建议。

b. 员工通过合理化建议、职工代表提案、事件上报、隐患排查等方式提出的有关建议或投诉及时得到回复和处理。

c. 对采纳实施合理化建议项目的提出者，给予业绩考核加分，其中对重大合理化建议项目的提出者，报请上级部门按规定给予奖励。

（5）QHSE 宣传活动。

① 通过会议、宣传栏、知识竞赛等方式将有关 QHSE 的知识、文件、要求等进行日常宣贯。

② 按上级规定要求积极组织或参加公司组织的 QHSE 专题专项宣贯活动，如 6 月份组织安全生产月活动，6 月 5 日组织环境日活动，6 月份组织节能节水活动，9 月份组织质量月活动，11 月 9 日组织消防日活动。

4.3.11.2 管理制度

管理制度见表 4.29。

表 4.29　管理制度

序号	分类	制度名称
1	管理制度	××××公司 HSE 信息系统应用及运行维护管理规定
2	管理制度	××××公司职工代表大会提案工作管理办法
3	管理制度	××××公司重要信息报告制度管理实施细则

4.3.11.3 基础资料台账

基础资料台账见表4.30。

表 4.30 基础资料台账

序号	资料台账	保存形式	保存期限
1	QHSE 会议（活动）记录本	纸质版	三年
2	合理化建议一览表	纸质版	一年
3	QHSE 活动方案	纸质版	一年
4	QHSE 活动总结	纸质版	一年

4.4 风险控制

4.4.1 风险管理

4.4.1.1 工作内容

风险管理包括：危害因素辨识与隐患排查，风险分析评价与措施制定，风险分级防控等。

（1）危害识别与风险评价。

①危害辨识。

a. 实验室每年组织一次危害因素识别，岗位员工按属地范围、工作区域、作业活动项目等方面识别存在的危害因素，包括职业健康、安全的危害、事故隐患。

b. 危害因素辨识应梳理科研生产活动和岗位作业活动，按岗位、区域、设备、项目对照活动步骤开展危害因素辨识。辨识结果形成"危害因素辨识清单及风险评价表"。

c. 实验室开展新实验、非常规性（临时）实验、承包商施工作业时，应按照规定要求开展工作前安全分析，全面、准确辨识动态作业风险。动态作业风险识别由项目负责人组织实施。

②风险评价。安全员组织相关人员选用适宜的评价方法进行风险评价，汇总形成实验室《危害因素辨识清单及风险评价表》。

③风险防控。实验室分管安全领导组织各组及安全员针对风险评价结果进

行管理风险分析，确定管控责任、明确风险分级防控要求，按实验室、岗位逐级落实风险防控责任，形成实验室风险作业管理目录，将风险防控措施融入科研管理和操作活动工作中，针对重点防控风险。

④ 定期更新。危害识别与风险评价结果每年更新一次，当科研生产活动发生重大变化，相关方有要求、投诉，或发生重大事故事件时，实验室应按上述程序和要求组织对实验室涉及的危害重新进行辨识与风险评价，并对更新结果组织培训。

（2）隐患管理。

① 隐患排查。实验室每月至少开展一次安全环保隐患排查，排查出的隐患能现场整改的立即整改，不能立即整改的应制订整改计划限期整改，重大隐患上报立项整改。排查出的隐患由安全员汇总，建立隐患台账。

② 隐患评估。安全员组织对排查出的隐患进行评估，根据安全环保事故隐患按照整改难易及可能造成后果的严重性，分为一般事故隐患和重大事故隐患。

③ 隐患治理。

a. 一般事故隐患治理由安全员制订隐患整改计划，明确落实隐患整改责任人、整改措施、整改期限，经分管安全的室领导批准后实施，责任人按照整改计划在规定期限内完成整改，安全员负责对隐患整改情况进行跟踪和督促。

b. 重大事故隐患治理由实验室上报公司相关业务科室立项，立项通过后，按治理方案实施。

c. 隐患整改前，要有相应的控制措施以防事故发生。重大事故隐患现场应设置规范的警示标志，标志醒目、内容完善。

④ 隐患销项。隐患整改完成后，整改责任人及时告知实验室安全员，安全员每周对隐患整改情况进行跟踪，事故隐患治理项目完成后，按规定组织验收销项，并对风险控制措施和隐患治理方案的有效性进行评估，对问题整改效果进行验证。

4.4.1.2　管理制度

管理制度见表4.31。

4.4.1.3　基础资料台账

基础资料台账见表4.32。

表 4.31 管理制度

序号	分类	制度名称
1	管理制度	××××公司生产安全风险防控管理实施细则
2	管理制度	××××公司安全环保事故隐患管理实施细则
3	管理制度	××××公司工作前安全分析管理规定
4	程序文件	环境因素辨识与风险评价控制程序

表 4.32 基础资料台账

序号	资料台账	保存形式	保存期限
1	危害因素辨识清单及风险评价表	电子版 / 纸质版	三年
2	风险作业管理目录	电子版 / 纸质版	三年
3	设备安全风险识别及控制措施	电子版 / 纸质版	三年
4	隐患台账	电子版 / 纸质版	三年

4.4.2 作业许可

4.4.2.1 工作内容

（1）作业盘点。

由室领导组织安全员配合对实验室作业活动清理风险作业活动，进行初步风险评估，根据风险大小，将作业活动分为 A、B、C 三类，纳入单位《风险作业管理目录》。

（2）作业许可实施。

安全员负责组织按"计划与准备、申请、受理、签发、工作界面交接、作业方现场安全技术交底和开工条件确认、受控作业、续签、关闭"实施作业许可。

（3）作业许可审核。

室领导、安全员参与单位组织的作业许可审核工作和分析改进工作。

（4）升级管理。

国家法定节假日、公休日及特殊、重大活动期间原则上不得安排风险作业。若确有必要应实行升级管理，具体执行《××××公司作业许可管理规定》。

4.4.2.2 管理制度

管理制度见表 4.33。

表 4.33　管理制度

序号	分类	制度名称
1	管理制度	××××公司作业许可管理规定

4.4.2.3　基础资料台账

基础资料台账见表 4.34。

表 4.34　基础资料台账

序号	资料台账	保存形式	保存期限
1	作业许可证及辅助票证	纸质版	一年
2	作业许可审核单	纸质版	一年
3	风险作业管理目录	电子版 / 纸质版	三年

4.4.3　职业健康

4.4.3.1　工作内容

（1）职业危害识别与检测。

①职业危害识别。实验室每年开展危害因素识别与评价时，应识别与评价职业危害因素，将职业危害识别、评价作为危害因素识别、评价的重要内容。职业危害识别、评价与风险控制措施确定的方法要求具体执行 4.4.1 节危害因素辨识、评价与控制措施的规定。

②职业危害检测。各组按照质量安全环保科的统一安排，定期接受职业卫生检测点的定期检测工作，并公示检测结果。

（2）职业健康监护。

①场所（设备）监护。各组针对可能造成员工职业伤害的实验场所或设备，制定和实施相对应的监管、防护措施，在实验室醒目位置设置职业卫生公告栏和警示标识，以消除或减轻对员工的职业伤害。

②员工健康监护。安全员每年向质量安全环保科上报实验室健康体检计划，健康体检发现员工患有岗位职业禁忌症时，实验室应及时向单位汇报。

（3）劳动防护用品。

实验室安全员按照公司《员工个人劳动防护用品管理办法》及上级主管部门安排，编制和上报员工的劳动防护用品需求计划，按规定领取、发放，做好记录，并对员工劳动防护用品使用情况进行监督检查。

4.4.3.2   管理制度

管理制度见表 4.35。

表 4.35   管理制度

序号	分类	制度名称
1	管理制度	××××公司健康管理办法
2	管理制度	××××公司员工个人劳动防护用品管理办法

4.4.3.3   基础资料台账

基础资料台账见表 4.36。

表 4.36   基础资料台账

序号	资料台账	保存形式	保存期限
1	职业健康体检计划	纸质版	两年
2	员工劳动防护用品发放记录	电子版/纸质版	长期

4.4.4   消防管理

4.4.4.1   工作内容

固井实验室履行属地消防安全监督管理职责如（图 4.7）。

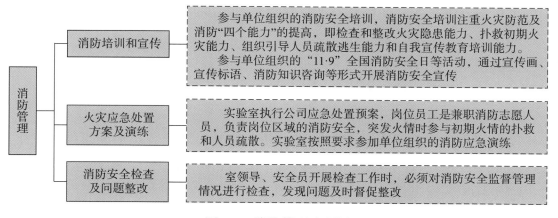

图 4.7   消防管理流程图

4.4.4.2   管理制度

管理制度见表 4.37。

表 4.37　管理制度

序号	分类	制度名称
1	管理制度	××××公司消防安全管理办法

4.4.4.3　基础资料台账

基础资料台账见表 4.38。

表 4.38　基础资料台账

序号	资料台账	保存形式	保存期限
1	灭火器台账	电子版/纸质版	长期
2	志愿消防队员登记表	电子版/纸质版	长期

4.4.5　环保管理

4.4.5.1　工作内容

（1）环境因素识别及隐患治理。

每年各组开展危害因素识别时，都应识别环境因素和环境隐患排查，环境因素识别、风险评价及环境隐患管理的要求具体执行本章 4.4.1 风险管理的规定。

（2）环境保护目标。

环境目标的制定、分解采纳 QHSE 责任书的形式，以签订 QHSE 责任书为载体，以公司下达的年度环境保护目标指标为依据进行分解。环境目标完成情况的考核与 QHSE 业绩考核及 QHSE 履职考核同步进行。

（3）实验室废物处置。

实验室产生的固体废弃物、废液等由班组长通知安全员联系单位指定机构处理，并填写废弃物转运确认单。处理结果提交质量安全环保科。

（4）现场环境保护。

实验操作人员按环保要求规定做好防范措施，防止各类泄漏事件的发生。按照规定堆放和处置固体废弃物、废液，不得乱排、乱放，污染环境。

（5）环境突发事件。

执行环境突发事件的应急处置预案，预防并有效应对突发事件引发的环境污染。

（6）环境保护培训与宣传。

①环境保护培训。参与单位组织的环境保护方面的培训，环境保护培训还

可通过班组会、宣传栏、讲座、网络等多种方式，让员工获取环境保护知识，学习环境保护法律、法规、标准及规程，应形成和保存培训记录。

②环境保护宣传。积极参与环保宣传活动，并按要求上报活动总结。

4.4.5.2　管理制度

管理制度见表4.39。

表 4.39　管理制度

序号	分类	制度名称
1	管理制度	××××公司环境保护管理办法
2	管理制度	××××公司环境保护统计管理实施细则（试行）
3	管理制度	××××公司安全环保事故隐患管理实施细则

4.4.5.3　基础资料台账

基础资料台账见表4.40。

表 4.40　基础资料台账

序号	资料台账	保存形式	保存期限
1	岗位员工 QHSE 责任书	纸质版	一年
2	QHSE 会议（活动）记录本	纸质版	三年
3	废弃物转运确认单	纸质版	三年

4.4.6　变更管理

4.4.6.1　工作内容

（1）控制范围。

实验室变更管理包括：关键岗位人员变更及工艺与设备变更。

（2）关键岗位人员变更。

①室领导变更。

室领导变更由领导及人事科等相关科室实施。

②关键岗位人员变更。

关键岗位人员变更由实验室分管领导提出，经实验室领导班子讨论通过后向公司相关业务科室和人事科报备后实施。

③变更前评估。

实验室安全和科研技术管理人员变更前，须对变更人员进行能力评估，评估合格后才能进行岗位调整；若评估不合格，可暂缓变更；经培训后再评估，再评估不合格，则撤销此次变更申请，确保拟变更人员具备上岗能力资格。

④ 培训取证。

调整到需要取证岗位的员工，必须先取得相关证件等相关资格后，才能进行岗位调整。

⑤ 变更效果评估。

安全和科研技术管理人员岗位变更后，相关组负责组织对变更后的效果进行评估。对安全和科研技术管理人员可通过 QHSE 绩效考核、履职能力考核等方式对变更后的效果进行评估；若评估考核不合格，可组织培训再进行一次评估，如仍不合格则应进行岗位调整。

（3）工艺与设备变更。

① 变更申请。

工艺与设备变更由本专业变更申请人提出，申请人按 ×××× 公司工艺与设备变更申请审批表的要求提出申请，详细描述变更内容、变更地点、变更理由、变更技术基础及不实施变更的风险，开展变更危害辨识，注明变更支持文件，识别变更类别。变更申请人应就变更事项与部门领导进行初步风险评估，确认变更必要性和可行性。

② 变更受理。

a. 申请人向变更管理负责人提交变更申请及变更技术支持资料。经与申请人讨论，变更管理负责人确认变更申请人提出的危害与控制措施，判定变更影响范围和总体风险等级，确定变更审批级别、审查方法和参与变更风险审查人员的专业。

b. 变更审批级别依据 ×××× 公司工艺与设备变更审批矩阵及判断标准确定。微小变更由三级单位组织审查、审批；中等变更由二级单位组织最终审查、审批；重大变更由公司组织最终审查、审批。

③ 变更审查与批准。

a. 变更审查。变更申请人、变更负责人（或其授权代表）应先到变更现场进行核实，收集现场信息，组织变更审查。变更涉及多个不同专业时，应有各相关专业人员参与审查。审查人员负责评估变更带来的潜在危害、变更实施过程中的风险，提出对应的风险削减措施，并确认是否符合风险控制标准。

b. 变更批准。当变更风险审查已完成，变更风险审查结果、变更实施涉及的计划工作内容已列入变更申请审批表内，且变更实施前的技术条件已具备，变更管理负责人方可提请变更审批。变更批准人对审查意见、危害及控制措施和变更实施前的准备情况确认后作出相应审批意见。需要上级部门审批的变更项目，下级单位负责与上级单位相关专业部门协调，上级单位分管部门安排相关专业人员进行审查，并报分管领导审批。

④ 变更实施及培训。

变更管理负责人组织，按照变更审批确定的内容和范围组织实施。在变更项目实施过程中或投运前，变更管理负责人组织修订变更审批表上提出的操作规程、操作卡及其他工艺安全信息，并安排对相关的运行、操作、检维修、技术、管理人员进行培训或沟通。

⑤ 变更项目投用。

变更项目投用前须进行启动前安全检查，并由变更管理负责人确认：工艺设备变更符合设计规范要求；适当的程序已准备好；必要的培训已经完成；危害分析建议的措施已被落实；关键工艺安全信息得到初始更新。符合安全投用条件后，由变更批准人批准变更项目投用。变更管理负责人负责组织变更项目投入使用。

⑥ 变更关闭。

当变更投用后的各项工作已全部完成，包括工艺安全信息正式修订，隔离方案修改，或临时变更已恢复到原来的状态，变更相关文件已归档，经变更管理负责人确认后，可以关闭变更申请。

4.4.6.2　管理制度

管理制度见表 4.41。

表 4.41　管理制度

序号	分类	制度名称
1	管理制度	××××公司工艺与设备变更管理办法
2	管理制度	××××公司机关管理人员调动、聘任和考核管理办法
3	管理制度	××××公司 HSE 培训管理实施细则
4	管理制度	××××公司生产安全关键岗位人员变更管理办法

4.4.6.3　基础资料台账

基础资料台账见表 4.432

表 4.42　基础资料台账

序号	资料台账	保存形式	保存期限
1	××××公司工艺与设备变更申请审批表	纸质版	长期
2	生产安全关键岗位人员变更审批表	纸质版	三年

4.4.7　应急管理

4.4.7.1　工作内容

（1）应急组织。

实验室建立应急管理组织，成立应急领导小组。室主任为应急管理第一责任人，应急领导小组组织开展应急能力评估、编写事故应急预案、开展应急演练、领导指挥突发事件的应急响应。

（2）应急处置方案。

① 应急处置方案编制。

实验室根据风险评估及应急能力评估结果，组织组人员编制实验室的应急处置方案和与之配套的应急处置卡。

② 应急处置方案评审。

应急处置方案编制完成后，由安全员牵头组织相关技术人员进行内部审核（评审），内部审核通过后报送质量安全环保科审查，审查通过后由室主任签发实施。

③ 应急处置方案修订。

应急处置方案至少每三年修订一次，有下列情形之一的要及时组织修订：

a. 法律、法规、规章和标准发生变化的；

b. 实验室内、外部环境发生变化，构成新的危害的；

c. 公司及固井实验室应急组织或应急职责进行调整的；

d. 发生较大及以上事故的；

e. 应急演练评估报告提出要求修订的；

f. 上级主管部门要求修订的。

④ 应急培训。

将应急培训纳入实验室培训计划，培训注重实效性，以岗位应急处置方案和应急处置卡为主要培训内容，通过培训使应急管理人员及岗位员工了解并掌握应急处置方案和应急处置卡要求、职责及应急处置措施等，并对培训效果进行评估。

（3）应急演练。

①演练计划。

实验室每年年初制订应急演练计划，并由安全员上报质量安全环保科。

②演练频次。

实验室至少每季度组织一次应急演练。演练由分管安全的室领导组织，演练以让员工掌握岗位应急处置方案和应急处置卡为目的。

③效果评估。

演练结束后，由演练组织者进行总结评价，对应急物资、人员应急能力和应急程序三方面进行分析和客观评价，并填写《应急演练记录》。

（4）应急响应。

突发事件发生时，应急领导小组和应急救援人员根据现场具体情况，按照相对应的应急预案、应急处置方案和应急处置卡的步骤、程序及要求各负其责迅速采取有效措施，组织开展救援和疏散工作，尽量减少突发事件对人员造成的伤害和财产损失。

4.4.7.2　管理制度

管理制度见表4.43。

表4.43　管理制度

序号	分类	制度名称
1	管理制度	××××公司突发事件应急管理办法
2	管理制度	××××公司突发事件应急物资储备管理办法

4.4.7.3　基础资料台账

基础资料台账见表4.44。

表4.44　基础资料台账

序号	资料台账	保存形式	保存期限
1	QHSE会议（活动）记录本	纸质版	三年
2	应急演练计划	纸质版	三年
3	应急演练记录	纸质版	三年

4.4.8 事故事件管理

4.4.8.1 工作内容

（1）不安全行为、不安全状态管理。

①发现报告。

员工对发现的不安全行为、不安全状态应与当事人沟通、劝阻，并于当日填写《不安全行为/不安全状况报告卡》，并向室主任报告。

②分析整改。

安全员汇总《不安全行为/安全状况报告卡》填写《不安全行为/安全状况措施追踪汇总表》，经整理分析后在每月的安全生产会上对《不安全行为/不安全状况报告卡》所反映的问题提出整改措施、落实整改负责人、整改时间，并在整改完成后进行验证及通报整改情况。

（2）事件管理。

①事件报告与调查。

事件发生后，当事人或发现者应立即向组长、安全员和室领导报告，并妥善处置。安全员调查分析事件原因，并在事件发生后24h内填写《事件报告表》，经室领导审批后，报送质量安全环保科。事件的实际后果和潜在后果严重的，应形成调查报告。

②问题整改。

安全员根据调查和分析结果，提出整改措施、明确整改负责人和整改时间，报室领导审查通过后执行，并立即上报单位质量安全环保科。安全员每月对实验室发生的事件、整改措施及整改情况进行统计分析，按规定填写事故事件措施跟踪汇总表，并在实验室QHSE分析会上作专题汇报。

（3）事故管理。

①事故报告。

事故发生后，事故现场有关人员应立即向室领导报告，室领导应立即向公司质量安全环保科及有关部门报告。

事故发生后，安全员以事故快报形式上报公司质量安全环保科。情况特别紧急时，可用电话初报，随后书面报告。

事故情况发生变化的，应及时续报。自事故发生之日起30日内，事故造成伤亡人数发生变化的，应及时补报。道路交通事故、火灾事故自发生之日起

7 日内，事故造成的伤亡人数发生变化的，应及时补报。

②事故应急。

事故发生后，实验室应当立即启动相应的应急处置方案，实施救援、防止事态扩大，减少人员伤亡和财产损失。

应急过程中，因抢救人员、防止事故扩大及疏通交通等原因，需要移动事故现场物件的，应当拍照作出标志、绘出现场简图并作出书面记录，妥善保存现场重要痕迹、物证。

③事故调查。

事故发生后，实验室按《××××公司事故事件管理规定》的要求积极配合事故调查组进行事故调查。

④问题整改。

事故发生后，实验室针对事故调查报告和事故处理决定中提出的问题，认真分析、查找根源；按照《××××公司事故事件管理规定》的要求制定整改措施，明确整改负责人和整改时间，对整改措施落实情况进行督促和验证，并建立《事故事件整改措施追踪记录》。

（4）事故事件统计分析与分享。

安全员每月对实验室的事故事件进行统计与分析。组织开展事故事件案例经验分享。

4.4.8.2　管理制度

管理制度见表 4.45。

表 4.45　管理制度

序号	分类	制度名称
1	管理制度	××××公司事故事件管理规定（试行）

4.4.8.3　基础资料台账

基础资料台账见表 4.46。

表 4.46　基础资料台账

序号	资料台账	保存形式	保存期限
1	不安全行为/不安全状况报告卡	电子版/纸质版	一年
2	事件报告表	电子版/纸质版	一年

序号	资料台账	保存形式	保存期限
3	事故事件措施追踪汇总表	电子版/纸质版	一年
4	事件全面调查表	电子版/纸质版	三年

4.5 班组管理

4.5.1 班组概况

4.5.1.1 工作内容

（1）工作范围及职责。

①班组工作范围。

各组按照技术标准、规范及公司 QHSE 管理体系的程序和要求开展科研项目开发、实验和现场技术服务活动，做好各自业务范围和属地区域的各项质量和 HSE 的管理工作，确保科研和现场技术服务项目按计划实施并安全、平稳运行，全面完成科研开发和现场技术服务任务。

②班组职责。

各班组根据实际情况开展相应的科研与实验检测工作及 QHSE 活动。各班组有各自的职责，共性职责包括：遵守国家法律法规、执行标准规范及生产管理制度和指令；按规定巡回检；按要求进行操作、维护保养；判断和处理异常情况；准确记录与及时汇报；辨识岗位危害因素，落实风险管控措施；实施属地管理。

（2）班组岗位配置。

主要岗位设置包括：科研实验岗；QHSE 管理岗；设备管理岗；资料及样品管理岗。

4.5.1.2 基础资料台账

基础资料台账见表 4.47。

表 4.47 基础资料台账

序号	资料台账	保存形式	保存期限
1	人员基本信息表	电子版	长期
2	员工岗位说明书	电子版/纸质版	三年

4.5.2 劳动纪律

4.5.2.1 工作内容

（1）基本要求。

员工上岗必须严格遵守公司"十条禁令"管理要求。必须服从实验室统一工作安排，按照规定的时间、程序和方法完成应承担的工作任务。员工在工作时间应当做到：

①不迟到、不早退、不旷工；

②不睡岗、不串岗、不脱岗、不酒后上岗；

③不无故不参加会议、不参加学习和集体活动；

④不做与工作无关的事；

⑤不违章指挥，不违章操作；

⑥不利用工作之便谋取私利；

⑦不准散布自由主义及影响安定团结的言论；

⑧不准组织停工和存在某种抗议的状况出现。

（2）请销假管理。

①正常休假。

员工正常休假（补休或年休），须填写员工请假审批表，须组长签字同意，再经室领导签字同意，方可休假。

②因私请假。

因私请假者，须填写员工请假审批表，经组长同意并通过实验室分管领导签字批准后，方可离岗。因亲属急病、丧事等特殊情况，员工应及时用电话向组长、室领导口头请假，事后补办手续。

③因病请假。

因病请假者，应提交医院诊断证明。特殊情况如：上班前因突发疾病不能按时上班，员工应及时用电话向组长口头请假，事后补办手续。

④期满销假。

休假或请假期满回实验室上班后，休假或请假者应当天到管理考勤的人员处销假，并到室领导及组长处报到。班组考勤记录应与请销假登记内容一致。

（3）违章处罚。

①上班迟到、早退、中间溜、脱岗、睡岗、酒后上岗违反劳动纪律者，以

及无故不参加会议、不参加学习者，按单位"三违"计分考核办法管理规定进行经济处罚并训诫。

②未按请假规定办理相应手续者，均视为旷工。

③请假期满未按规定销假者，视为违反劳动纪律，给予训诫。

4.5.2.2　管理制度

管理制度见表4.48。

表4.48　管理制度

序号	分类	制度名称
1	管理制度	××××公司员工休假管理制度
2	管理制度	××××公司员工请销假实施细则

4.5.2.3　基础资料台账

基础资料台账见表4.49。

表4.49　基础资料台账

序号	资料台账	保存形式	保存期限
1	××××公司员工请假审批单	纸质版	一年
2	固井实验室员工考勤记录表	纸质版	一年
3	固井实验室员工请假台账	纸质版	一年

4.6　检查改进

4.6.1　监督检查

4.6.1.1　工作内容

（1）检查要求。

①实验室明确室领导与各组（班组）及岗位员工的监督检查界面和具体职责，对QHSE监督检查人员进行监督检查知识培训，使其具备相应的监督检查履职能力。

②安全员编制监督检查计划和检查标准，突出对关键环节、重点部位及重点现场的监督检查。

③采用多种方式进行 QHSE 监督检查，严肃处理违反公司《反违章十条禁令》的行为。

④安全员定期对监督检查发现的问题进行统计分析，找出 QHSE 管理的短板，并提出改进建议。

（2）检查范围。

开展 QHSE 监督检查的范围包括：实验室管辖属地及业务范围涉及的设施设备、科研实验和作业活动及进入实验室属地的其他单位和人员、设施和活动等 HSE 相关内容，以及各种活动发生的质量问题、事故。

（3）检查类别。

QHSE 监督检查按职责界面及检查内容可分为：岗位自查、专项检查和综合性检查。

①岗位自查：岗位员工每日上班期间及下班前，应对属地范围的办公区域、设施设备、工作环境的状况和安全环保情况进行自检、自查。

②节前检查：室领导和安全员节假日前的安全检查等。

③专项检查和审核：如设备专项检查、计量专项检查、隐患排查、体系专项审核等。

④实验室每月组织各组开展一次综合性安全工作检查。

（4）检查标准。

①明确各项监督检查的检查标准，检查标准以检查表为载体，明确具体的检查内容和要求。

②公司有规定的，统一执行上级的检查标准和检查表；没有规定的，由实验室组织制定实验室内部的检查标准和检查表，编制完成的检查标准和检查表经室主任批准后执行。

（5）检查计划。

安全员每年制定实验室年度检查计划表，计划应明确检查范围、检查内容、检查方式、检查时间、检查人员和职责界面及检查要求等。检查计划经室主任批准后执行。

（6）检查实施。

①实验室领导、各组及各岗位要按照检查计划和岗位职责的要求开展相关检查，实施检查的人员应熟悉检查标准及检查要求，必要时，检查前对检查人

员进行培训，并确认其具备相应的能力。

②检查人员应按规定填写检查记录，有统一要求的填写在相应的记录表单中，没有统一规定的填写在 QHSE 会议（活动）记录本中。如果需要形成检查总结报告，由检查组负责人编写并提交实验室领导审核、确认。

4.6.1.2　管理制度

管理制度见表 4.50。

表 4.50　管理制度

序号	分类	制度名称
1	管理制度	××××公司 HSE 监督管理办法

4.6.1.3　基础资料台账

基础资料台账见表 4.51。

表 4.51　基础资料台账

序号	资料台账	保存形式	保存期限
1	实验室年度检查计划表	电子版	一年
2	实验室安全、隐患与环境检查表	纸质版	六年
3	整改通知单	纸质版	一年
4	QHSE 体系内部审核发现问题整改汇总台账	纸质版	一年

4.6.2　持续改进

4.6.2.1　工作内容

（1）现场纠正。

①岗位自检自查发现的问题，岗位员工按规定自行整改、完善。

②管理人员监督检查发现的问题，能在现场纠正整改的，检查人员应责令责任人立即纠正整改；不能在现场及时纠正的，应由责任班组或岗位当事人员立即采取必要的现场防范或控制措施，以避免或减少可能造成的危害。

（2）限期整改。

监督检查现场不能立即纠正整改的问题，检查人员签发整改通知单责令限期整改，明确整改期限和要求，发生问题的班组（实验室）应对产生问题的原因进行分析，按要求制定整改措施并在限期内整改完成。

（3）隐患整改。

检查发现的问题被确定为事故隐患的，应按照隐患管理相关规定，进行报告、评估和整改。

（4）重大问题上报。

检查发现的问题属于实验室无法解决的重大问题，安全员及时上报公司主管部门解决，问题解决前，责任班组应制定并实施必要的防范措施。

（5）违规处置。

检查发现的问题属于违反公司禁令的行为，执行《××××公司"反违章禁令"实施细则（试行）》规定。

（6）整改验证。

问题整改完成后，检查人应及时对整改效果进行验证，验证合格予以销项，填写验证记录，做到闭环管理。

（7）分析通报。

安全员每月对实验室开展的监督检查和问题整改情况，及时进行收集、整理、分析，并在实验室 QHSE 会议中通报。

（8）考核兑现。

检查或审核结果纳入绩效考核，与员工经济收入挂钩，奖惩兑现。

4.6.2.2 管理制度

管理制度见表 4.52。

表 4.52 管理制度

序号	分类	制度名称
1	管理制度	××××公司 HSE 监督管理办法
2	管理制度	××××公司全员绩效考核实施细则
3	管理制度	固井实验室变动薪酬考核实施细则

4.6.2.3 基础资料台账

基础资料台账见表 4.53。

表 4.53 基础资料台账

序号	资料台账	保存形式	保存期限
1	绩效考核表	纸质版	一年
2	QHSE 检查整改记录表	纸质版	一年

附录

附录 1　收样单

日期		送样单位				收样编号	
序号	样品类别	样品编号	样 品 名 称 及 规 格	数 量		其　　他	
备　注							

送样人：

收样人：

附录 2　药品入库记录

药品名称	生产单位	生产批号	规格型号	数量	定位	日期	库存量

记录人：

附录 3　材料入库记录

材料名称	生产单位	生产批号	规格型号	数量	定位	日期	库存量

记录人：

附录 4 接样记录

样品名称		样品编号	
取样时间		取样地点	
取样人员		备注	

附录 5　固井实验室检验任务通知单

流水号:

检验项目名称		报告编号	
样 品 名 称		样品或工作液编号	
执 行 标 准			

承担组别		检验人员		要求完成时间	

实验条件及注意事项:

任务下达人:　　　　　　　　　　　　批准人:

日　　　期:　　　　　　　　　　　　日　　　期:

附录 6 药品领用记录

药品名称	领用数量	领用日期	用途	领用人	发放人	备注

记录人：

附录 7 材料领用记录

材料名称	领用数量	领用日期	用途	领用人	发放人	备注

记录人：

附录 8　废液处理记录表

年份	来源	类型	记录日期	新增数量（m³）	累计（m³）	转运处理日期	转运处理数量（m³）	确认人	备注

记录人：

附录9 检测原始记录

记录编号：

样品名称及编号				
检验项目	□密度　□稠化时间　□静态滤失量　□流变性 □水泥石抗压强度　□游离液　□上下密度差		执行标准	油井水泥试验方法 （GB/T 19139—2012）
样品状态	检验前：□正常　□不正常　　　　　检验后：□正常　□不正常			
主要试剂				
主要仪器	检验前状态		检验后状态	
□恒速搅拌器	□正常　□异常		□正常　□异常	
□双缸增压稠化仪	□正常　□异常		□正常　□异常	
□双缸高温高压养护釜	□正常　□异常		□正常　□异常	
□常压稠化仪	□正常　□异常		□正常　□异常	
□高温高压失水仪	□正常　□异常		□正常　□异常	
□匀加荷压力试验机	□正常　□异常		□正常　□异常	
□液体密度计	□正常　□异常		□正常　□异常	
□电子天平	□正常　□异常		□正常　□异常	
□双温养护箱	□正常　□异常		□正常　□异常	
□十六速旋转黏度计	□正常　□异常		□正常　□异常	
□量筒	□正常　□异常		□正常　□异常	

附录 10 设备运转原始记录

仪器型号名称：

仪器编号：

年

开机时间			停机时间			工作内容	开机状态	停机状态	本次运转时间（h）	累计运转时间（h）	维修保养、故障及处理情况	操作人
月	日	时	月	日	时							

仪器保管人：

检查人：

附录 11　测评报告

测　评　报　告

EVALUATION REPORT

报告编号：

样品名称：

委托单位：

检测类别：

检测项目：

×××固井实验室

单位地址：×××××××

邮政编号：×××××

联系电话：　　　　传真：

注 意 事 项

一、涂改、增删、部分复制的报告无效。

二、未盖检测检验专用章和骑缝章的报告无效。

三、无主检人（或编制人）、审核人、批准人签字的报告无效。

四、监督抽查结果报送质量监督部门；委托检验结果只发送委托方。

五、如对结果有异议，请于收到报告之日起 15 日内提出，以便追溯复查。

六、抽样检验合格不保证该批每个样品合格；送样检验只对来样负责，不对样品来源负责。

测 评 报 告

报告编号：　　　　　　　　　　　　　　　　　　　　　　　　　共　页　第　页

样品名称		样品类型	
受检单位		井　号	
委托单位		抽/送样日期	
委托单位地址		检测日期	
抽样井深		生产日期	
抽样层位		样品数量	
抽样地点		抽样基数	
样品外观状态		抽/送样者	
样品封样形式		样品原编号	
样品编号		环境条件	
测评依据			
主要测评设备			
测评结论			
	（检测专用章）　　　　　　　　20　年　月　日		
备注			

批准		审核		主检	

附录 12 固井液实验评价报告单

井号：　　　　　　　　取样编号：　　　　　　　　实验日期：

实验设备：　　　　　　　　　　　　　　　责任人：

实验目的：									
干混	名称								备注 / 签字
	加量 (%)								
	称重 (g)								
湿混	名称								
	加量 (%)								
	称重 (g)								

液固比：　　　　　　　　　　干灰造浆率：

实验条件			
实验结果	密度（g/cm³）：　　　流动度（cm）：		
	动失水（mL）：　　　静失水（　　）mL		
	抗压强度 /（MPa/h）：　　游离水（　　）mL/2h		
	常温流变：　　　　　初 / 终切：		
	高温流变：　　　　　初 / 终切：		
	静胶凝强度实验条件：　48Pa 时间（min）　240Pa 时间（min）		

稠化时间（min）	0	15	30				
稠度（Dc/Bc）				30	40	70	100
稠化实验条件							

实验情况说明	
结果分析	

附录 13 设备维修申请单

申请单号：

设备名称		设备型号		设备投用时间	
设备类型	□普通设备 □重要设备	设备使用单位		累计使用时间（或公里数）	
故障时间		申请维修方式		□大修 □中修 □小修 □其他：	
预计施工时间		预计完工时间		预计维修金额	
故障说明					
申请人		申请部门负责人			
设备管理部门意见	设备管理	单位领导意见		单位负责人意见	
	部门负责人				

年　月　日

附录 14 设备维修验收单

申请及验收编号：

验收时间：　年　月　日

设备名称		设备型号	
申请单位		开工时间	年　月　日
修理方式		完工时间	年　月　日
故障说明			
维修内容（请详细说明更换部件的名称、厂家和规格型号）		维修单位名称维修人员签字	
维修结果及建议			
维修单位验收意见		维修单位负责人签字	
班组验收意见		申请单位负责人签字	
设备管理部门验收意见			

附录 15　监视测量设备台账

序号	计量器具名称	使用单位	安装地点	规格型号	测量范围	精确度	生产厂家	出厂编号	自编号	检定周期	上次检定时间	检定单位	领用人	备注

附录 16　监视测量设备检定计划

序号	计量器具名称	使用单位	安装地点	规格型号	测量范围	精确度	生产厂家	出厂编号	自编号	检定周期		检定单位	领用人	备注
										上次检定时间	计划检定时间			

附录 17　计量器具送检单

送检部门			经办人	
送检日期			电　话	
计量器具信息				
序号	名称	型号	计量器具编号	备注
接收人			日　期	

附录18 ××××年××月材料采购、加工月度计划

单位：　　　　　　　　　　　　　　　　　　　　　　　　　　　　　　　　　　　　　时间：

序号	物资名称	规格型号	单位	数量	单价（元）	总价（元）	用途（项目）	完成时间	上报单位	备注
	合计									
一	科研材料									
二	生产材料									
三	办公用品									
四	公用材料									

制表人：　　　　　　　　　　　　　　　　　　　　　　　　　　　　　　　　　　　　审核人：

附录 19　材料物资质量验收报告单

单位			经办人		联系电话	
供应商				日期		
物资明细清单						
序号	名称		规格型号	数量/单位	备注	
经办单位 意见	以上材料物资均符合我方的质量要求。 负责人签字： 　　　　年　月　日 （单位盖章）					